中国野外观花系列 01

HANDBOOK OF WILD FLOWERS IN NORTH CHINA

华北野外观花手册

李 敏 宣 晶 马欣堂 编著

河南科学技术出版社
· 郑州 ·

图书在版编目（CIP）数据

华北野外观花手册 / 李敏，宣晶，马欣堂编著．—郑州：河南科学技术出版社，2015.2

（中国野外观花系列）

ISBN 978-7-5349-7201-0

Ⅰ．①华… Ⅱ．①李… ②宣… ③马… Ⅲ．①野生植物—花卉—华北地区—手册 Ⅳ．① Q949.408-62

中国版本图书馆 CIP 数据核字 (2014) 第 162115 号

生物中国 总策划：周本庆

出版发行：河南科学技术出版社

地址：郑州市经五路 66 号 邮编：450002

电话：（0371）65737028 65788613

网址：www.hnstp.cn

策　　划：李　敏　　责任编辑：杨秀芳　李　伟

封面设计：张　伟　　版式设计：宣　晶　赵明月

责任校对：柯　姣　　责任印制：张　巍

印　　刷：北京盛通印刷股份有限公司

经　　销：全国新华书店

幅面尺寸：113mm × 181mm　　印张：8　　字数：215 千字

版　　次：2015 年 2 月第 1 版　　2015 年 2 月第 1 次印刷

定　　价：39.80 元

序

我国地域辽阔，横跨寒温带、温带、亚热带和热带，囊括了全球除极地冻原以外的所有主要植被类型，有草原、荒漠、热带雨林、常绿阔叶林、落叶阔叶林、针叶林、高原高寒植被等，仅有花植物就有近 3 万种，是世界野生植物资源最为丰富的国家之一，被誉为“世界园林之母”。

中国植物图像库（www.plantphoto.cn）自 2008 年建站以来，得到各界学者、友人的大力支持，注册用户达 23 000 余人，共享各类植物彩色照片 200 万余幅，涵盖了中国野生植物一半以上的种类。我们从中精选出具有重要观赏价值的野生花卉 2 000 余种，照片 6 500 余幅，按照我国七大行政地理分区，分为华北、东北、华东、华中、华南、西南、西北七册出版。在物种选择上尽可能地包括本地区最具有观赏价值的野生花卉，同时为兼顾在科属水平上的代表性，同属植物仅收录其最常见到的物种。本册收录了华北地区具有重要观赏价值的野生花卉 71 科 238 属 404 种，其中 230 种为主要描述种，重点介绍了植物的分类、识别特征、花期和分布等信息，部分物种还选取了与其形态上相似的 1~2 个相近物种进行了简要描述。

为方便查找使用，本手册按照花色和花型为序编排。需要特别说明的是，植物花朵万紫千红，部分物种花色变异丰富多彩，我们将花瓣最主要的颜色分为白、黄、橙、红、紫、蓝、棕、绿等八种颜色予以索引，请使用时在相近的颜色中查阅。部分花型也仅是看起来像或者接近的花型，而非科学分类，部分可能显得比较牵强，请使用者注意辩证看待。本手册还配有常用术语图解、本地区野生花卉资源等专题性说明，文后述有中文名索引、拉丁名索引等。希望本书能成为您野外郊游识别植物的好参谋。

由于编者时间及精力有限，准备和推敲不够，错误、疏漏及欠缺之处，敬请广大读者批评指正。

中国科学院植物研究所
系统与进化植物学国家重点实验室
李 敏　宣 晶　马欣堂

二〇一四年十二月

使用指南

分类名称

分别为拼音、中文名、俗名、拉丁学名*、科属。

* 拉丁学名以《Flora of China》为标准。

生境、花期**

** 花期受纬度、海拔和气温的影响较大。

形态特征

主要参考《中国植物志》网站（frps.eflora.cn）数据，有删减。

相近种概述

简要介绍与本种花形相近（花色可能不同）的 1~2 种花卉的特征，以及对应的图片编号。

检索顺序（快速索引页码参见护封握口）

第一步：判断花色

白 黄 橙 红 紫 蓝 棕 绿

第二步：判断花型

辐射对称花 头状花序 左右对称花 穗状花序 伞状花序

花色花型索引

花色和花型排序，底色为花色、图案为花型。

花型大致分为辐射对称花、头状花序、左右对称花、穗状花序、伞状花序五类。一般花小而多的，则按照花序排列。

dàhuāsháolán

大花杓兰

Cypripedium macranthos Swartz

科属：兰科，杓兰属。
生境：林下、林缘或草坡。
花期：6~7月。

多年生草本。片通常5枚，长椭圆形至宽椭圆形，全缘，基部渐狭成
鞘抱茎。花苞片下部者叶状，但明显小于下部叶片；花顶生，紫色，常
，偶有2朵者；中萼片宽卵形；合萼片比中萼片短与狭，先端二齿状
花瓣卵状披针形；唇瓣卵球形，内折侧裂片舌状三角形；退化雄蕊矩
卵形；花药扁球形。子房弧曲。①②③

相近种　紫点杓兰（*Cypripedium guttatum* Swartz）花单生茎顶，白色，带紫
斑点④。

175

目 录

术语图解

花的结构

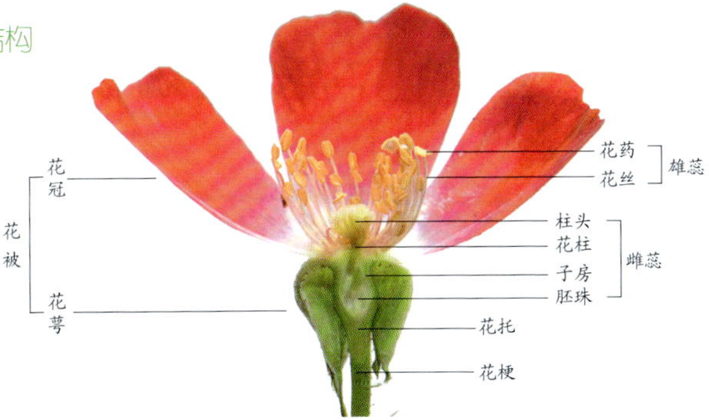

花是被子植物的繁育器官，在其生活周期中占有极其重要的地位。花可以看作是一种不分枝，节间缩短，适应于生殖的变态短枝，花梗和花托是枝条的一部分，花萼、花冠、雌蕊和雄蕊是着生于花托上的变态叶。

同时具有花萼、花冠、雌蕊和雄蕊的花为完全花，缺少其中一部分的花为不完全花。一朵花中既有雌蕊又有雄蕊的花是两性花，只有雌蕊的单性花为雌花，只有雄蕊的单性花为雄花。部分植物无花冠称为单被花，其花萼特化为花瓣状，如铁线莲、郁金香等。生于花下方的叶称为苞片，有时也特化为花瓣状，如珙桐、四照花、叶子花等。

花型

十字形花冠　漏斗状花冠　钟状花冠　轮(辐)状花冠　蝶形花冠　唇形花冠　筒状花冠　舌状花冠

花序

总状花序　穗状花序　头状花序　伞形花序　伞房花序

叶的结构

叶型

叶形

叶缘

叶序

华北观花指南

本手册所指华北地区包括北京市、天津市、河北省、山西省和内蒙古自治区，共计二省二市一自治区。东北方向与东北地区相接，东南方向与华东地区相邻，南接华中。西部及西北部为西北地区所围绕，北面与蒙古、俄罗斯接壤，东面濒临渤海。

华北地区总体地势西北高，东南低。西北部地形以高原、山地、丘陵、盆地为主，东南部是广袤的华北大平原。华北地区西北部属蒙古高原，地势平坦、开阔。西部则是典型的为黄土广泛覆盖的山地高原，高原内部起伏不平，河谷纵横，地貌类型复杂多样，其中山西省五台山主峰北台顶（叶斗峰）海拔 3 058 米，为华北地区最高峰，有"华北屋脊"之称。东南部的华北平原是我国第二大平原，地势低平，海拔多在 50 米以下，是典型的冲积平原，由黄河、海河、淮河、滦河等河流所带来的大量泥沙沉积形成，多洼地、湖沼。华北地区山地属我国第二级阶梯，走向多以东北—西南方向为主，主要的山脉包括燕山山脉、太行山、小五台山、吕梁山、五台山、太岳山等。区域内河流主要分属黄河、海河、滦河、内陆河、辽河五大水系。主要的湖泊有白洋淀、衡水湖等，较大的人工湖泊主要有官厅水库、密云水库等。

华北地区东面近海，西面、北面深入大陆内陆，因此气候条件从东向西干旱程度逐渐增加，由湿润、半湿润、半干旱到干旱。由冷到热的纬度地带性与由湿到干的经度地带性的纵横交织和相互作用，形成了东南部以温带季风气候为主，西部、北部逐渐过渡到干旱、半干旱的大陆性季风气候。总体上冬季漫长，寒冷干燥；夏季南长北短，雨水集中；春季气候多变、风沙较多；秋季短暂，天气温和。华北地区土壤主要包括黑土壤地带，暗棕壤地带、黑钙土地带、栗钙土地带、棕壤土地带、黑垆土地带、灰钙土地带、风沙土地带和灰棕漠土地带等多种类型。

华北地区由于地形、气候条件的多样，植被类型也十分丰富。华北地区的地带性植被为温带落叶阔叶林，此外还有针叶林、落叶针叶林、针阔混交林、高山灌丛、亚高山草甸等多种植被类型，在西北部高原区还有由森林草原向典型草原和荒漠草原过渡地带景观。区域内各省区域内的高等植物种类大多在 2 000~3 000 种，部分种类属地方性特有，在荒漠植被中，地方特有种优势明显。

本手册收录了华北地区具有重要观赏价值的野生花卉 71 科 238 属 404 种，重点介绍了野花的识别分类特征、花期和分布，其中 230 种为主要种，并对其中 1~2 个相近种进行了描述，这里的相近种仅指形态上的相似，并不一定有亲缘关系。

华北地区推荐的观花地点有：北京市的百花山自然保护区、松山自然保护区、东灵山、雾灵山；天津市的盘山；河北省的小五台自然保护区、海坨山、坝上草原、飞狐峪空中草原、塞罕坝草原、木兰围场；山西省的五台山；内蒙古的大青山、鄂尔多斯草原、锡林郭勒草原、桦木沟自然保护区等。

huáxiàcígū

慈姑 # 华夏慈姑

Sagittaria trifolia* subsp. *leucopetala (Miq.) Q. F. Wang

科属：泽泻科，慈姑属。

生境：栽培或自生。

花期：5~10 月。

多年生水生草本。植株高大，粗壮。叶片宽大，肥厚，顶裂片先端钝圆，卵形至宽卵形；匍匐茎末端膨大呈球茎，球茎卵圆形或圆形；圆锥花序高大，枝常 2 条，着生于下部，具 1~2 轮雌花，主轴雌花 3~4 轮，位于侧枝之上；雄花多轮，生于上部，组成大型圆锥花序，果期常斜卧水中；果期花托扁圆形。①②③

相近种 **野慈姑** ***Sagittaria trifolia*** L. 花序圆锥状或总状，较矮，花多轮。花单性，下部 1~3 轮为雌花，上部多轮为雄萼片椭圆形或宽卵形，反折④。

zéxiè

泽泻

Alisma plantago-aquatica L.

科属：泽泻科，泽泻属。

生境：浅水带、沼泽、沟渠及低洼湿地。

花期：5~10月。

多年生水生或沼生草本。具块茎。叶通常多数；沉水叶条形或披针形；挺水叶宽披针形至卵形，先端渐尖，基部宽楔形、浅心形，叶柄基部渐宽。花葶较高，花序具3~9轮二回分枝。花两性；外轮花被片广卵形，边缘膜质，内轮花被片近圆形，远大于外轮，边缘具齿，白色、粉红色或浅紫色；心皮多数，排列整齐；花药黄色或淡绿色；花托平凸，近圆形。①②③

相近种　**东方泽泻** ***Alisma orientale*** (Sam.) Juz. 花果较小，花柱很短，内轮花被片边缘波状④。

báidù

明开夜合，丝绵木 # 白杜

Euonymus maackii Rupr.

科属：卫矛科，卫矛属。
生境：林缘或较疏阔叶林中。
花期：4~7 月。

落叶小乔木。小枝圆柱形。叶对生，卵状椭圆形、卵圆形或窄椭圆形，先端长渐尖，基部宽楔形或近圆，边缘具细锯齿，有时深而锐利，侧脉6~7对。聚伞花序有3至多朵花；花序梗微扁。花4数，淡白绿色或黄绿色；花萼裂片半圆形；花瓣长圆状倒卵形；雄蕊生于4圆裂花盘上，花药紫红色；子房四角形，4室，每室2胚珠。蒴果倒圆心形，4浅裂，熟时粉红色。种子棕黄色，长椭圆形；假种皮橙红色，全包种子。①②③④

jì

荠

Capsella bursa-pastoris (L.) Medik.

科属：十字花科，荠属。
生境：在山坡、田边及路旁。
花期：4~7 月。

一年或二年生草本。基生叶丛生呈莲座状，大头羽状分裂，顶裂片卵形至长圆形，侧裂片长圆形至卵形；茎生叶窄披针形或披针形，基部箭形，抱茎，边缘有缺刻或锯齿。总状花序顶生及腋生，萼片长圆形；花瓣白色，卵形，有短爪。短角果倒三角形或倒心状三角形，扁平，顶端微凹；种子 2 行，长椭圆形，浅褐色。①②③④

liùdàomù

六条木 # 六道木

Zabelia biflora (Turcz.) Makino

科属：北极花科，六道木属。
生境：山坡灌丛、林下及沟边。
花期：早春。

1

2

3

4

落叶灌木。叶圆形或长圆状披针形，全缘或中部以上羽状浅裂。花单生小枝叶腋，具宿存齿状小苞片；萼筒圆柱形，萼齿 4 枚；花冠白、淡黄色或带浅红色，窄漏斗形或高脚碟形，4 裂，裂片圆形，筒长为裂片长度的 3 倍；二强雄蕊，着生花冠筒中部。种子圆柱形。①②③

相近种 **糯米条** ***Abelia chinensis*** R. Br. 花芳香，具 3 对小苞片；小苞片长圆形或披针形，具睫毛；萼筒圆柱形；花冠白色或红色，漏斗状④。

báijuānméi

白鹃梅 金瓜果，九活头

Exochorda racemosa (Lindl.) Rehder

科属：蔷薇科，白鹃梅属。

生境：山坡阴地。

花期：5月。

灌木。叶片椭圆形至长圆倒卵形，先端圆钝或急尖稀有突尖，基部楔形或宽楔形，全缘；叶柄短或近于无柄；不具托叶。总状花序，有花6~10朵；花梗短，基部花梗较顶部稍长；苞片小，宽披针形；萼筒浅钟状，萼片宽三角形，先端急尖或钝，边缘有尖锐细锯齿，黄绿色；花瓣倒卵形，先端钝，基部有短爪，白色；雄蕊15~20枚，3~4枚一束着生在花盘边缘，与花瓣对生；心皮5枚，花柱分离。①②③④

biǎndàngǎn

孩儿拳头 **扁担杆**

Grewia biloba G. Don

科属：椴树科，扁担杆属。
生境：平原、灌丛或疏林中。
花期：5~7 月。

①

②

③

④

灌木或小乔木。多分枝。叶薄革质，椭圆形或倒卵状椭圆形，先端锐尖，基部楔形或钝，边缘有细锯齿。聚伞花序腋生，多花，萼片狭长圆形，花瓣短小，约为花萼的 1/4；雌雄蕊具短柄，花柱与萼片平齐，柱头扩大，盘状，有浅裂。核果红色。①②③④

chángruǐshítouhuā

长蕊石头花 霞草，长蕊丝石竹

Gypsophila oldhamiana Miq.

科属：石竹科，石头花属。

生境：山坡草地、灌丛、沙滩或海滨沙地。

花期：6~9月。

1

2

3

4

多年生草本。茎丛生，二歧或三歧分枝，老茎常红紫色。叶长圆形，先端短凸尖，两叶基相连成短鞘状，微抱茎，稍肉质。伞房状聚伞花序较密集。苞片卵状披针形，长渐尖尾状；花萼钟形或漏斗状，萼齿卵状三角形，脉绿色，边缘白色，膜质；花瓣粉红色，倒卵状长圆形，长于花萼1倍，先端平截或微凹。蒴果卵圆形，稍长于宿萼，顶端4裂。种子近肾形，两侧扁，具条状凸起，脊部具小尖疣。①②③④

dàhuāsōushū

大花溲疏

华北溲疏

Deutzia grandiflora Bunge

科属：虎耳草科，溲疏属。

生境：山坡、山谷和路旁灌丛中。

花期：4~6月。

灌木。叶纸质，卵状菱形或椭圆状卵形，先端尖，基部楔形，边缘具齿。聚伞花序，具花2~3朵。萼筒浅杯状，有时具中央长辐线，裂片线状披针形；花瓣白色，长圆形或倒卵状披针形，镊合状排列；外轮雄蕊长于内轮，花丝具齿2枚，齿平展或下弯成钩状。①②

相近种　**小花溲疏** ***Deutzia parviflora*** Bunge 伞房花序，多花；花瓣白色，阔卵形或近圆形③。**齿叶溲疏** ***Deutzia crenata*** Siebold & Zucc. 花 4~8 朵组成总状圆锥花序；花瓣白色，长圆状卵形④。

dǎngshēn

党参

Codonopsis pilosula (Franch.) Nannf.

科属：桔梗科，党参属。

生境：山地林边及灌丛中。

花期：7~10 月。

多年生草本。根常肥大呈纺锤状或纺锤状圆柱形，较少分枝或中下部稍有分枝，表面灰黄色，肉质。茎缠绕，有多数分枝，小枝具叶，不育或先端着花。叶在主茎及侧枝上的互生，在小枝上的近对生，卵形或窄卵形，端钝或微尖，基部近心形，边缘具齿，分枝上叶渐趋狭窄。花单生枝端，与叶柄互生或近对生，有梗。花萼贴生至子房中部，萼筒半球状，裂片宽披针形或窄长圆形；花冠上位，宽钟状，黄绿色，内面有明显紫斑，浅裂，裂片正三角形，全缘；花丝基部微扩大。①②③④

diǎndìméi

佛顶珠，天星花 **点地梅**

Androsace umbellata (Lour.) Merr.

科属：报春花科，点地梅属。
生境：林缘、草地和疏林下。
花期：2~4 月。

一年生或二年生草本。叶全基生，近圆形或卵形，基部浅心或近圆。伞形花序具 4~15 朵花；苞片卵形或披针形。花萼分裂近基部，裂片菱状卵形，果时增大至星状展开；花冠白色，裂片倒卵状长圆形。蒴果近圆形，果皮白色，近膜质；果柄长达 6 厘米。①②

相近种　**北点地梅** ***Androsace septentrionalis*** L. 叶片椭圆形，基部圆形或楔形③。**长叶点地梅** ***Androsace longifolia*** Turcz. 叶异型或基部渐狭而无柄，边缘全缘④。

dùlí

杜梨

Pyrus betulifolia Bunge

科属：蔷薇科，梨属。

生境：平原或山坡阳处。

花期：4 月。

乔木。树冠开展，枝常具刺；二年生枝条紫褐色。叶片菱状卵形至长圆卵形，先端渐尖，基部宽楔形，具齿。伞形总状花序，有花 10~15 朵；苞片膜质，线形，早落；萼片三角卵形，先端急尖，全缘；花瓣宽卵形，先端圆钝，基部具有短爪，白色；雄蕊 20 枚，花药紫色，长约花瓣的一半；花柱 2~3 个。果实近圆形，褐色，有淡色斑点，萼片脱落。①②③

相近种　山荆子 ***Malus baccata*** (L.) Borkh. 萼片披针形，先端渐尖；花瓣白色，倒卵形，基部有短爪④。

juǎn'ěr

卷耳

Cerastium arvense
subsp. ***strictum*** Gaudin

科属：石竹科，卷耳属。
生境：高山草地、林缘或丘陵区。
花期：5~8 月。

多年生草本。茎疏丛生，上部直立，绿带淡紫红色。叶线状披针形，基部楔形，抱茎。聚伞花序具花 3~7 朵；苞片披针形；萼片披针形；花瓣倒卵形，2 裂达 1/3~1/4；花柱 5 个。蒴果圆筒形，具 10 个齿。①②

相近种　**沼生繁缕** ***Stellaria palustris*** Retz. 花梗纤细，萼片卵状披针形，花瓣较萼片稍短，2 深裂近基部，裂片近线形③。**繁缕** ***Stellaria media*** (L.) Vill. 聚伞花序顶生或单花腋生。花瓣 5 枚，2 深裂近基部；雄蕊 3~5 枚，短于花瓣④。

lóngkuí

龙葵 海椒，天茄菜，野伞子

Solanum nigrum L.

科属：茄科，茄属。
生境：田边，荒地及村庄附近。
花期：5~8月。

一年生直立草本。茎无棱或棱不明显，绿色或紫色。叶卵形先端短尖，基部楔形至阔楔形而下延至叶柄，全缘或每边具不规则的波状粗齿。蝎尾状花序腋外生，萼小，浅杯状，齿卵圆形，先端圆；花冠白色，筒部隐于萼内，冠檐 5 深裂；花丝短，花药黄色，子房卵形，柱头小。浆果圆形，熟时黑色。种子多数，近卵形，两侧压扁。①②③④

màntuóluó

曼陀罗

Datura stramonium L.

科属：茄科，曼陀罗属。
生境：路边、草地上或栽培。
花期：6~10月。

草本或半灌木状。叶广卵形，顶端渐尖，基部不对称楔形，边缘有不规则波状浅裂，裂片顶端急尖。花单生于枝叉间或叶腋，直立，有短梗；花萼筒状，筒部有5棱角，基部稍膨大，顶端紧围花冠筒，5浅裂，裂片三角形，花后自近基部断裂，宿存部分随果实而增大并向外反折；花冠漏斗状，下半部带绿色，上部白色或淡紫色，檐部5浅裂，裂片有短尖头；雄蕊不伸出花冠。蒴果直立生，卵状，表面生有坚硬针刺或有时无刺而近平滑，成熟后淡黄色，规则4瓣裂。①②③④

máoyīngtáo

毛樱桃 梅桃，山豆子，山樱桃

Cerasus tomentosa
(Thunb.) Wall. ex T. T. Yu & C. L. Li

科属：蔷薇科，樱属。
生境：山坡林中、林缘、灌丛中或草地。
花期：4~5月。

落叶灌木，稀小乔木。托叶条形，与叶柄近等长，叶片密集倒卵形或宽椭圆形，先端渐尖，基部楔形或宽楔形，边缘具齿。花单生或两朵并生先叶开放或同时开放，几无花梗，花萼筒状，萼片卵圆形，直立或开展，有锯齿；花瓣5枚，白色，初时淡粉红色；雄蕊多数。核果圆形，熟时深红色或黄色。①②③

相近种　郁李 *Cerasus japonica* (Thunb.) Loisel. 萼筒陀螺形，萼片椭圆形，比萼筒稍长，有细齿；花瓣白色或粉红色，倒卵状椭圆形④。

méihuācǎo

梅花草

Parnassia palustris L.

科属：虎耳草科，梅花草属。
生境：潮湿山坡、草地、河谷阴湿地。
花期：7~9 月。

多年生草本。基生叶 3 枚至多数，卵形或长卵形，常带短尖头，基部近心形，全缘，薄而微外卷，常被紫色长圆形斑点；具长柄，托叶膜质。茎 2~4 条，近中部具 1 叶，茎生叶与基生叶同形；无柄，半抱茎。花单生茎顶；萼片椭圆形；花瓣白色，宽卵形或倒卵形，全缘，常有紫色斑点；雄蕊 5 枚，花丝扁平，长短不等；退化雄蕊 5 枚，具分枝。①②③

相近种　**多枝梅花草** ***Parnassia palustris*** var. ***multiseta*** Ledeb. 花瓣白色，宽卵形或倒卵形；退化雄蕊分枝较多④。

niúdiédǔ

牛叠肚 蓬蘽，山楂叶悬钩子

Rubus crataegifolius Bunge

科属：蔷薇科，悬钩子属。

生境：向阳山坡灌木丛中或林缘。

花期：5~6 月。

直立灌木。幼枝有微弯皮刺。单叶，卵形或长卵形，花枝叶稍小，先端渐尖，基部心形或近平截，3~5掌状分裂，裂片卵形或长圆状卵形，具齿；叶柄疏生小皮刺，托叶线形。花数朵簇生或成短总状花序，常顶生；萼片卵状三角形或卵形，先端渐尖；花瓣椭圆形或长圆形，白色；雄蕊直立，花丝宽扁；雌蕊多数。果近圆形，成熟时暗红色。①②③

相近种 **北悬钩子** ***Rubus arcticus*** L. 花常单朵顶生或 1~2 朵腋生，花瓣宽倒卵形，紫红色，有时顶端微凹④。

shānzhā

山里红 山楂

Crataegus pinnatifida Bunge

科属：蔷薇科，山楂属。
生境：山坡林边或灌木丛中。
花期：5~6 月。

落叶小乔木或乔木。叶宽卵形或三角状卵形，通常两侧各有 7 羽状深裂；具叶柄，托叶肾形，质薄，边缘有细齿。伞房花序有多花；苞片膜质；萼筒钟状，萼片三角状卵形至三角状披针形；花瓣倒卵形或近圆形，白色；雄蕊约 20 枚，短于花瓣，花药粉红色；花柱 3~5 个。果近圆形或梨形，深红色，有褐色斑点。①②③

shāyǐncǎo

砂引草

Tournefortia sibirica L.

科属：紫草科，紫丹属。

生境：海滨沙地、干旱荒漠及山坡道旁。

花期：5月。

多年生草本。茎单一或数条丛生，直立或斜升，通常分枝。叶披针形、倒披针形或长圆形。聚伞花序2叉状分枝，顶生；花冠黄白色，钟状，裂片卵形或长圆形，外弯，花冠筒细长，外面密生细毛，裂片5枚，喉部无鳞片。小坚果宽椭圆形，粗糙，密生伏毛，先端凹陷。①②③④

shíshēngyíngzicǎo

连参，山女娄菜 # 石生蝇子草

Silene tatarinowii Regel

科属：石竹科，蝇子草属。
生境：多石质的山坡或岩石缝中。
花期：7~8 月。

多年生草本。叶卵状披针形或披针形，基部近圆，骤窄成短柄。二歧
§伞花序多花，疏散。花梗细；花萼筒状，萼齿三角状卵形；花瓣白色，
\倒披针形，内藏或微伸出花萼，瓣片 2 浅裂达 1/4，两侧中部各具 1 小
裂片，副花冠椭圆形；雄蕊及花柱伸出。①②

相近种　**女娄菜** ***Silene aprica*** Turcz. 花瓣白色或淡红色，2 裂；副花冠舌状③。
J蚂蚱草 ***Silene jenisseensis*** Willd. 花瓣白色或淡绿色，瓣片和爪近等长，瓣片叉状，
裂达中部④。

suānjiāng

酸浆

Physalis alkekengi L.

科属：茄科，酸浆属。

生境：空旷地或山坡。

花期：5~9 月。

多年生直立草本。叶卵形，先端渐尖，基部不对称窄楔形、下延至叶柄，全缘波状或具齿。花梗初直伸，后下弯；花萼宽钟状，萼齿三角形；花冠辐状，白色，裂片开展，先端骤窄成三角形尖头。宿萼卵圆形，网脉明显，橙色或红色，顶端闭合，基部凹下。浆果圆形，橙红色。①②③

相近种　**假酸浆** ***Nicandra physalodes*** (L.) Gaertn. 花萼钟状，5 深裂近基部，裂片宽卵形，先端尖，基部具 2 尖耳片，宿存；花冠钟状，淡蓝色，冠檐 5 浅裂，裂片宽短④。

wénguānguǒ

崖木瓜 文冠果

Xanthoceras sorbifolium Bunge

科属：无患子科，文冠果属。

生境：丘陵山坡等处，各地也常栽培。

花期：春季。

1

2

3

4

落叶灌木或小乔木。小枝粗壮。小叶4~8对，膜质或纸质，披针形或近卵形，两侧稍不对称，边缘有锐利锯齿。花序先叶抽出或与叶同时抽出，两性花的花序顶生，雄花序腋生，长12~20厘米，直立，总花梗短，基部常有残存芽鳞；花瓣白色，基部紫红色或黄色，有清晰的脉纹，爪之两侧有须毛；花盘的角状附属体橙黄色。蒴果长达6厘米；种子黑色而有光泽。①②③④

yěxīguāmiáo

野西瓜苗 灯笼花，香铃草

Hibiscus trionum L.

科属：锦葵科，木槿属。

生境：平原、山野、丘陵、田埂。

花期：7~10月。

一年生草本。常平卧，稀直立。茎柔软。茎下部叶圆形，不裂或稍浅裂，上部叶掌状3~5深裂，中裂片较长，两侧裂片较短，裂片倒卵形或长圆形，常羽状全裂；具长柄，托叶线形。花单生叶腋；小苞片12枚，线形，基部合生；花萼钟形，淡绿色，裂片5枚，膜质，三角形，具紫色纵条纹，中部以下合生；花冠淡黄色，内面基部紫色，径2~3厘米，花瓣5枚，倒卵形；雄蕊柱长约5毫米，花丝纤细，花药黄色；花柱分枝5条。蒴果长圆状圆形，具长柄。①②③④

yínliánhuā

银莲花

Anemone cathayensis

Kitag. ex Ziman & Kadota

科属：毛茛科，银莲花属。

生境：山坡草地、沟边或多石砾坡地。

花期：4~7 月。

多年生草本。基生叶 4~6 枚，具长柄；叶心状五角形，稀圆卵形，3 全裂，中裂片宽，菱形或菱状倒卵形，3 裂，二回裂片浅裂，侧裂片斜扇形，不等 3 深裂。花葶及叶柄疏被柔毛或无毛；苞片约 5 枚，无柄，不等大，菱形或倒卵形，3 裂；伞辐 2~5 枚。萼片 5~6 枚，白色或带粉红色，倒卵形；雄蕊多数；心皮 4~16 枚。瘦果扁平，宽椭圆形。①②③

相近种　**大火草** *Anemone tomentosa* (Maxim.) C. P'ei 基生叶 3~4 枚，有长柄，为三出复叶，有时有 1~2 叶为单叶④。

yuánmáotàihánghuā

缘毛太行花

Taihangia rupestris **var. *ciliata*** T. T. Yu & C. L. Li

科属：蔷薇科，太行花属。

生境：阴坡山崖石壁上。

花期：5~6月。

极危种。多年生草本。根茎粗壮，根深长。花葶无叶，仅有1~5枚对生或互生的苞片，苞片3裂，裂片带状披针形。基生叶为单叶，叶片呈心状卵形，大多数基部呈微心形，边缘锯齿常较多而深；具长叶柄。花雄性和两性同株或异株，单生花葶顶端，稀2朵，花开放时直径3~4.5厘米；萼筒陀螺形，萼片浅绿色或常带紫色，卵状椭圆形或卵状披针形；花瓣白色，倒卵状椭圆形，顶端圆钝；雄蕊多数，着生在萼筒边缘；雌蕊多数，螺旋状着生在花托上。①②③④

zhǒngfùcǎo

莫石竹 种阜草

Moehringia lateriflora (L.) Fenzl

科属：石竹科，种阜草属。
生境：林缘。
花期：6~7 月。

多年生草本。具匍匐根茎。茎直立。叶椭圆形或长圆形。花腋生或顶生，单生或成聚伞花序。萼片卵形或椭圆形，边缘宽膜质；花瓣白色，倒卵形，较萼片长 1 倍；雄蕊短于花瓣，花丝基部被毛。蒴果长卵形，顶端 6 齿裂。种子近肾形，黑褐色，种阜小。①②③④

zǐbānfēnglíngcǎo

紫斑风铃草

Campanula punctata Lam.

科属：桔梗科，风铃草属。
生境：山地林中、灌丛及草地中。
花期：6~9 月。

多年生草本。具细长而横走的根状茎。茎直立，粗壮，通常在上部分枝。基生叶具长柄，心状卵形；茎生叶下部具带翅的长柄，上部的无柄，三角状卵形至披针形，边缘具不整齐钝齿。花顶生于主茎及分枝顶端，下垂；花萼裂片长三角形；花冠白色，带紫斑，前端 5 裂，筒状钟形；雄蕊 5 枚；子房下位，柱头 3 裂。①②③④

dàdīngcǎo

大丁草

Leibnitzia anandria (L.) Turcz.

科属：菊科，大丁草属。

生境：山谷丛林、荒坡、沟边或岩石上。

花期：3~7 月。

①

②

③

④

多年生草本。植株具春秋二型之别。春型者根状茎短，叶基生，莲座状，于花期全部发育，叶片形状多变异，通常为倒披针形或倒卵状长圆形；花葶单生或数个丛生。头状花序单生于花葶之顶，总苞片约 3 层；雌花花冠舌状。两性花花冠管状二唇形，顶端具 3 齿，瘦果纺锤形。秋型者植株较高，花葶长可达 30 厘米，叶片大，头状花序外层雌花管状二唇形，无舌片。①②③④

huǒróngcǎo

火绒草 火绒蒿，老头艾

Leontopodium leontopodioides

(Willd.) Beauverd

科属：菊科，火绒草属。

生境：干旱草原、坡地、山区草地。

花期：7~10 月。

多年生草本。叶线形或线状披针形。苞叶少数，长圆形或线形，与花序等长或较长，在雄株多开展成苞叶群，在雌株多直立，不形成苞叶群。头状花序雌株密集，稀 1 个或较多；总苞半圆形，总苞片约 4 层。小花雌雄异株，稀同株；雄花花冠窄漏斗状，雌花花冠丝状；冠毛白色。①②

相近种 **铃铃香青** ***Anaphalis hancockii*** Maxim. 头状花序在茎端密集成复伞房状，总苞宽钟状③。**绢茸火绒草** ***Leontopodium smithianum*** Hand.-Mazz. 小花异型，有少数雄花④。

báichēzhóucǎo

白车轴草

白三叶，荷兰翘摇

Trifolium repens L.

科属：豆科，车轴草属。

生境：栽培或逸生于湿润草地、河岸。

花期：5~10 月。

多年生匍匐状草本。茎蔓生，节上生根，前端的茎稍上升。掌状 3 出复叶；叶柄长；小叶片倒卵形至近圆形，先端圆，微凹，基部楔形，边缘具细锯齿。圆形花序顶生，有花 20~80 朵，密集；花萼钟状，萼齿披针形，稍不等长，短于萼筒，萼喉开张；花冠白色、乳黄色或淡红色，具香气，旗瓣椭圆形，比翼瓣和龙骨瓣长 1 倍，龙骨瓣稍短于翼瓣。荚果长圆形。①②③

相近种　**红车轴草** ***Trifolium pratense*** L. 花冠紫红色，旗瓣匙形④。

cìhuái

刺槐

Robinia pseudoacacia L.

科属：豆科，刺槐属。

生境：栽培或自生。

花期：4~6月。

落叶乔木。树皮浅裂至深纵裂，稀光滑。具托叶刺。羽状复叶；小叶2~12对，常对生，椭圆形至卵形，先端圆，微凹，基部圆或宽楔形，全缘。总状花序腋生，下垂，花芳香。花萼斜钟形；花冠白色，花瓣均具瓣柄，旗瓣近圆形，反折，翼瓣斜倒卵形，与旗瓣几等长，龙骨瓣镰状，三角形；雄蕊二体；子房线形。荚果线状长圆形，褐色或具红褐色斑纹，扁平。①②③④

huái

槐

槐花木，守宫槐

Sophora japonica L.

科属：豆科，槐属。

生境：广泛栽培。

花期：7~8月。

落叶乔木。奇数羽状复叶，小叶 7~15 枚，卵状长圆形或卵状披针形，先端渐尖，具小尖头，基部圆或宽楔形。圆锥花序顶生；花萼浅钟状，具浅齿；花冠乳白色或黄白色，旗瓣近圆形，有紫色脉纹，具短爪，翼瓣较龙骨瓣稍长，有爪；雄蕊 10 枚，不等长。荚果串珠状。①②

相近种　**白刺花** ***Sophora davidii*** (Franch.) Skeels 花萼钟状，蓝紫色，萼齿不等大，花冠白色或淡黄色，有时旗瓣稍带红紫色③。**苦参** ***Sophora flavescens*** Aiton 花萼斜钟形，花冠白色或淡黄色④。

lángdú

狼毒

Stellera chamaejasme L.

科属：瑞香科，狼毒属。

生境：高山草坡、草坪或河滩台地。

花期：4~6 月。

多年生草本。根茎粗大；茎丛生，不分枝，草质。叶互生，稀对生或近轮生，披针形或椭圆状披针形，先端渐尖或尖，基部圆，全缘，侧脉 4~6 对；叶柄基部具关节。头状花序顶生，具绿色叶状苞片。花黄、白色或下部带紫色，芳香；萼筒纤细，具明显纵脉，基部稍膨大，裂片 5 枚，长圆形，先端圆，常具紫红色网状脉纹；雄蕊 10 枚，2 轮，下轮着生于花萼筒中部以上，上轮着生于花萼筒喉部，花药微伸出。果圆锥状，为萼筒基部包被；果皮淡紫色，膜质。①②③④

jītuǐjǐncài

红铧头草，鸡腿菜 **鸡腿堇菜**

Viola acuminata Ledeb.

科属：堇菜科，堇菜属。

生境：林地、灌丛、草地或溪谷湿地等处。

花期：5~6月。

多年生草本。通常无基生叶。茎直立，通常2~4条丛生。叶片心形至卵形，先端锐尖至长渐尖。花淡紫色或近白色，具长梗；萼片线状披针形；上方花瓣与侧方花瓣近等长，上瓣向上反曲，下瓣里面常有紫色脉纹，距通常直，呈囊状。蒴果椭圆形，先端渐尖。①②

相近种 **北京堇菜** ***Viola pekinensis*** (Regel) W. Becker 花淡紫色或近白色，花瓣宽倒卵形，下瓣具圆筒状距③。**裂叶堇菜** ***Viola dissecta*** Ledeb. 基生叶二回掌状分裂，花较大，淡紫色或紫堇色，下辦具圆筒状距④。

běijīngdīngxiāng

北京丁香 臭多罗

Syringa reticulata subsp. ***pekinensis***
(Rupr.) P. S. Green & M. C. Chang

科属：木犀科，丁香属。
生境：山坡灌丛、林地或沟边山谷。
花期：5~8月。

大灌木或小乔木。小枝带红褐色。叶片纸质，近圆形卵状披针形，先端长渐尖至锐尖。花序由 1 对或 2 至多对侧芽抽生；花冠白色，辐状，裂片卵形或长椭圆形，先端锐尖或钝；花丝略短于或稍长于裂片。果长椭圆形至披针形。①②

相近种 **紫丁香** ***Syringa oblata*** Lindl. 圆锥花序直立，花冠白色，花冠管圆柱形，裂片呈直角开展③。**暴马丁香** ***Syringa reticulata*** subsp. ***amurensis*** (Rupr.) P. S. Green & M. C. Chang 花冠白色，辐状，裂片卵形，先端锐尖④。

chēqián

车轱辘菜，蛤蟆草 **车前**

Plantago asiatica L.

科属：车前科，车前属。

生境：草地、沟边、河岸湿地等处。

花期：4~8 月。

二年生或多年生草本。须根多数。叶基生呈莲座状，薄纸质或纸质，宽卵形或宽椭圆形，先端钝圆或急尖，基部宽楔形或近圆，多下延，边缘波状、全缘或中部以下具齿。穗状花序 3~10 个，细圆柱状，下部常间断；花冠白色，花冠筒与萼片近等长；雄蕊与花柱明显外伸，花药白色。蒴果为锤状卵形、卵圆形或圆锥状卵形。①②③④

lèiyèshēngmá

类叶升麻

Actaea asiatica H. Hara

科属：毛茛科，类叶升麻属。
生境：山地林下或沟边阴处，河边湿草地。
花期：5~6 月。

多年生草本。根茎横走，黑褐色，具多数细长须根。叶 2~3 枚，三回三出近羽状复叶，具柄，沿茎向上渐小。总状花序长 2.5~6 厘米；轴和花梗密被白色或灰色短柔毛；苞片线状披针形，萼片倒卵形；花瓣匙形，长 2~2.5 毫米，具爪；雄蕊多数；心皮与花瓣近等长。果序茎上部叶等长或超出上部叶；果紫黑色。种子卵圆形。①②③④

línglán

铃兰

Convallaria majalis L.

科属：百合科，铃兰属。

生境：阴坡林下潮湿处或沟边。

花期：5~6月。

多年生草本。根状茎细长，匍匐。叶通常 2 枚，极少 3 枚，叶片椭圆形或卵状披针形，先端急尖，基部近楔形，具弧形脉，呈鞘状互相抱着，基部有数枚鞘状的膜质鳞片。花葶由鳞片腋生出。花葶高 15~30 厘米；总状花序偏侧生，具 6~10 朵花；苞片披针形，膜质；具花梗；花白色，短钟状，芳香，下垂；花被顶端 6 浅裂，裂片卵状三角形；雄蕊 6 枚，花丝短，花药黄色；雌蕊 1 枚，子房卵圆形，3 室，花柱柱状，柱头小。浆果圆形，熟时红色。①②③④

luólè

罗勒 家佩兰，九层塔

Ocimum basilicum L.

科属：唇形科，罗勒属。

生境：多栽培。

花期：7~9 月。

一年生草本。茎直立，钝四棱形，常染有红色，多分枝。叶卵圆形至卵圆状长圆形，先端微钝或急尖，基部渐狭，边缘具不规则牙齿或近于全缘。总状花序顶生，由多数具 6 朵花交互对生的轮伞花序组成。花萼钟形，萼齿 5 枚，呈二唇形，果时宿存。花冠淡紫色，或上唇白色，下唇紫红色，伸出花萼。雄蕊 4 枚，分离。花柱超出雄蕊之上，先端相等 2 浅裂。花盘平顶，具 4 齿。小坚果卵珠形，黑褐色。①②③④

lùzhūcǎo

露珠草

牛泷草，心叶露珠草

Circaea cordata Royle

科属：柳叶菜科，露珠草属。
生境：落叶阔叶林中。
花期：6~8月。

粗壮草本。根状茎不具块茎。叶窄卵形或宽卵形，基部常心形，先端短渐尖，具锯齿或近全缘。总状花序顶生，或基部具分枝。花梗与花序轴垂直生或在花序顶端簇生；萼片卵形，开花时反曲；花瓣白色，倒卵形，先端凹缺深至花瓣长度的1/2~2/3；雄蕊稍短于花柱或近等长。果近扁圆形，室，具2粒种子。①②③

相近种　高山露珠草 ***Circaea alpina*** L. 萼片长圆状椭圆形或卵形，花瓣白色，三角形或倒卵形，先端凹缺为花瓣长度的1/4至1/2，裂片圆形④。

wǔhècǎo

舞鹤草

Maianthemum bifolium (L.) F. W. Schmidt

科属：百合科，舞鹤草属。

生境：高山阴坡林下。

花期：5~7 月。

多年生草本。根状茎细长，有时分叉，节上有少数根。基生叶花期凋萎；茎生叶通常 2 枚，稀 3 枚，互生于茎的上部，三角状卵形，先端急尖或渐尖基部心形，弯缺张开，边缘有细小锯齿状乳突或具柔毛。总状花序直立，有 10~25 朵花；花序轴被柔毛或乳头状突起。花白色，单生或成对；花梗长约 5 毫米，顶端有关节；花被片长圆形，有 1 脉；花丝短于花被片，花药卵圆形，黄白色；子房圆形。浆果径 3~6 毫米。种子卵圆形，种皮黄色有颗粒状皱纹。①②③④

xiāngchūn
香椿

Toona sinensis (Juss.) M. Roem.

科属：楝科，香椿属。
生境：山地杂木林或疏林中，或栽培。
花期：6~7 月。

落叶乔木。树皮浅纵裂，片状剥落。偶数羽状复叶，小叶 16~20 枚，卵状披针形或卵状长圆形，先端尾尖，基部一侧圆，一侧楔形，全缘或疏生细齿。聚伞圆锥花序。花萼 5 齿裂或浅波状；花瓣 5 枚，白色，长圆形；雄蕊 10 枚，5 枚能育，5 枚退化；花盘近念珠状。蒴果窄椭圆形，深褐色，具苍白色小皮孔。①②③

相近种　**臭椿** ***Ailanthus altissima*** (Mill.) Swingle 树皮平滑而有直纹，叶两侧各具 1 或 2 个粗锯齿，齿背有腺体；圆锥花序，花淡绿色④。

báibāojīngǔcǎo

白苞筋骨草 甜格缩缩草

Ajuga lupulina Maxim.

科属：唇形科，筋骨草属。

生境：河滩沙地、高山草地或陡坡石缝中。

花期：7~9 月。

多年生草本。叶披针形或菱状卵形，先端钝，基部楔形下延，疏生波状圆齿或近全缘，具缘毛；叶柄具窄翅，基部抱茎。轮伞花序组成穗状花序；苞叶白黄色、白色或绿紫色，卵形或宽卵形，先端渐尖，基部圆，抱轴，全缘。花萼钟形或近漏斗形，萼齿窄三角形，具缘毛；花冠白色、白绿色或白黄色，具紫色斑纹，窄漏斗形，冠筒基部前方稍膨大，内面具毛环，上唇 2 裂，下唇中裂片窄扇形，先端微缺，侧裂片长圆形。①②③④

huáběizhēnzhūméi

吉氏珍珠梅，珍珠梅 **华北珍珠梅**

Sorbaria kirilowii

(Regel & Tiling) Maxim.

科属：蔷薇科，珍珠梅属。

生境：山坡阳处、杂木林中。

花期：6~7月。

灌木。羽状复叶具小叶13~21枚，小叶披针形至长圆状披针形，先端渐尖，有尖锐重锯齿；小叶柄短或近无柄，托叶线状披针形。圆锥花序密集，微被白粉。苞片线状披针形，全缘；被丝托钟状，萼片长圆形；花瓣白色，倒卵形或宽卵形；雄蕊20枚，与花瓣等长或稍短；花盘圆盘状；心皮5枚，花柱稍短于雄蕊。蓇葖果长圆柱形，花柱稍侧生，宿存萼片反折，稀开展；果柄直立。①②③④

lùyào

鹿药

Maianthemum japonicum
(A. Gray) LaFrankie

科属：百合科，舞鹤草属。
生境：林下阴湿处或岩缝中。
花期：5~6 月。

多年生草本。根状茎横走，多少圆柱状，有时具膨大结节。茎中部以上或仅上部被粗伏毛，具叶 4~9 枚。叶卵状椭圆形、椭圆形或长圆形，先端近短渐尖；具短柄。圆锥花序长 3~6 厘米，具花 10~20 朵。花单生，白色；花被片分离或仅基部稍合生，长圆形或长圆状倒卵形；雄蕊基部贴生花被片上，花药小；花柱与子房近等长，柱头几不裂。浆果近圆形，成熟时红色，具 1~2 粒种子。①②③④

běijīnghuāqiū

北京花楸

白果花楸，红叶花楸

Sorbus discolor (Maxim.) Maxim.

科属：蔷薇科，花楸属。

生境：山地阳坡阔叶混交林中。

花期：5~6 月。

乔木。奇数羽状复叶，叶柄长 3~6 厘米；小叶 5~7 对，稀疏，长圆
彡至长圆状披针形，先端急尖或短渐尖，基部圆；叶轴无毛，托叶宿存，
草质，有粗齿。复伞房花序较疏散。花萼无毛，萼片三角形；花瓣卵形或
长圆状卵形，白色；雄蕊 15~20 枚，约短于花瓣 1 倍；花柱 3~4 个，几
与雄蕊等长。果卵圆形，白色，老时黄色，萼片宿存。①②③④

éróngténg

鹅绒藤 祖子花

Cynanchum chinense R. Br.

科属：萝藦科，鹅绒藤属。
生境：山坡向阳灌木丛中或路旁、河畔。
花期：6~8月。

缠绕草质藤本。叶对生，宽三角状心形，先端骤尖。聚伞花序伞状，2歧分枝，具花约20朵。花萼裂片长圆状三角形；花冠白色，辐状或反折裂片长圆状披针形；副花冠杯状，顶端具10个丝状体，两轮，外轮与花冠裂片等长，内轮稍短。蓇葖果圆柱状纺锤形。①②

相近种 **地梢瓜** ***Cynanchum thesioides*** (Freyn) K. Schum. 花冠绿白色，筒状，副花冠杯状③。**华北白前** ***Cynanchum mongolicum*** (Maxim.) Kom. 伞形聚伞花序腋生比叶为短，花较少，花冠紫红色④。

fángfēng

北防风，关防风 **防风**

Saposhnikovia divaricata

(Turcz.) Schischk.

科属：伞形科，防风属。

生境：草原、丘陵、多砾石山坡。

花期：8~9月。

多年生草本。茎单生，二歧分枝，基部密被纤维状叶鞘。基生叶有长柄，叶鞘宽；叶三角状卵形，二至三回羽裂；茎生叶较小。复伞形花序顶生和腋生；伞辐5~9枝，小总苞片4~5枚，线形或披针形；伞形花序有4~10朵花。萼齿三角状卵形；花瓣白色，倒卵形，先端内曲；花柱短，外曲。果窄椭圆形或椭圆形。①②③

相近种 白芷 ***Angelica dahurica*** (Hoffm.) Benth. & Hook. f. ex Franch. & Sav. 萼无齿，花瓣倒卵形，白色④。

hǎizhōuchángshān

海州常山 后庭花，泡火桐

Clerodendrum trichotomum Thunb.

科属：马鞭草科，大青属。
生境：山坡灌丛中。
花期：6~11 月。

小乔木或灌木状。老枝灰白色，具皮孔，髓白色，有淡黄色薄片状横隔。叶卵形或卵状椭圆形，先端渐尖，基部宽楔形，全缘或波状。伞房状聚伞花序，苞片椭圆形，早落。花萼绿白色或紫红色，5 棱，裂片三角状披针形；花冠白色或粉红色，芳香，裂片长椭圆形。核果近圆形，蓝紫色，宿萼包被。①②③④

huángjīng

笔管菜，黄鸡菜 **黄精**

Polygonatum sibiricum Redoute

科属：百合科，黄精属。

生境：林下、灌丛或山坡阴处。

花期：5~6月。

多年生草本。根状茎圆柱状，节膨大，节间一头粗一头细，粗头有短小枝。茎有时呈攀缘状。叶4~6枚轮生，线状披针形，先端拳卷或弯曲。花序常具2~4朵花，成伞状，具花序梗。花梗长俯垂；苞片膜质；花被乳白色或淡黄色，花被筒中部稍缢缩。浆果径成熟时黑色。①②

相近种 **热河黄精** ***Polygonatum macropodum*** Turcz. 苞片无或极微小，位于花梗中部以下；花被白色或带红色③。**多花黄精** ***Polygonatum cyrtonema*** Hua 花被黄绿色④。

jīshùtiáo

鸡树条 天目琼花

Viburnum opulus* subsp. *calvescens (Rehder) Sugim.

科属：五福花科，荚蒾属。
生境：溪谷边疏林下或灌丛中。
花期：5~6月。

1

2

3

4

落叶灌木。树皮质厚而多少呈木栓质。小枝、叶柄和总花梗均无毛。叶轮廓圆卵形至广卵形或倒卵形，通常3裂，基部圆形、截形或浅心形，裂片顶端渐尖，边缘具不整齐粗牙齿，侧裂片略向外开展；叶柄粗壮。复伞形聚伞花序，大多周围有大型的不孕花；花冠白色，辐状，裂片近圆形；花药紫红色。果实红色，近圆形。①②③④

liúsūshù

糯米花，四月雪 流苏树

Chionanthus retusus Lindl. & Paxton

科属：木犀科，流苏树属。

生境：稀疏混交林中、灌丛、山坡或河边。

花期：3~6月。

1

2

3

4

落叶灌木或乔木。幼枝淡黄色或褐色。叶革质或薄革质，长圆形、椭圆形或圆形，先端圆钝，有时下凹或尖，基部圆或宽楔形，全缘或有小齿，叶缘具睫毛。聚伞状圆锥花序顶生，苞片线形；花单性或两性，雌雄异株。花梗纤细；花萼4深裂；花冠白色，4深裂，裂片线状倒披针形；雄蕊内藏或稍伸出。果椭圆形，被白粉，蓝黑色。①②③④

tùsīzǐ

菟丝子 鸡血藤，金丝藤

Cuscuta chinensis Lam.

科属：旋花科，菟丝子属。

生境：山坡阳处、路边灌丛或海边沙丘。

花期：8~10 月。

一年生寄生草本。茎黄色，纤细。花序侧生，少花至多花密集成聚伞状伞团花序；苞片及小苞片鳞片状。花萼杯状，中部以上分裂，裂片三角状；花冠白色，壶形，裂片三角状卵形，先端反折；雄蕊生于花冠喉部，鳞片长圆形，伸至雄蕊基部，边缘流苏状；花柱 2 个，等长或不等长，柱头圆形。蒴果圆形，为宿存花冠全包，周裂。种子 2~4，卵圆形，淡褐色，粗糙。①②③④

tǔzhuāngxiùxiànjú

蚂蚱腿，土庄花 **土庄绣线菊**

Spiraea pubescens Turcz.

科属：蔷薇科，绣线菊属。

生境：干燥岩石坡地、杂木林内。

花期：5~6 月。

灌木。叶片菱状卵形至椭圆形，先端急尖，基部宽楔形，边缘自中部以上具齿，有时 3 裂；叶柄极短。伞形花序具总梗，有花 15~20 朵；花梗短；苞片线形；萼筒钟状，萼片卵状三角形，先端急尖；花瓣卵形至近圆形，先端圆钝或微凹，白色；雄蕊 25~30 枚，约与花瓣等长；花柱短于雄蕊。①②③

相近种 **三裂绣线菊** ***Spiraea trilobata*** L. 伞形花序具花序梗；苞片上部深裂成细裂片，萼片三角形，花瓣宽倒卵形，先端常微凹，雄蕊 18~20 枚，短于花瓣④。

xiǎocónghóngjǐngtiān

小丛红景天 凤凰草，香景天

Rhodiola dumulosa (Franch.) S. H. Fu

科属：景天科，红景天属。

生境：山坡石上。

花期：6~7月。

多年生草本。根茎粗壮，分枝，地上部分常被残留老枝。花茎聚生主轴顶端，不分枝。叶互生，线形或宽线形，全缘；无柄。花序聚伞状，有4~7朵花。萼片5枚，线状披针形；花瓣5枚，直立，白色或红色，披针状长圆形，直立，边缘平直，或多少流苏状；雄蕊10枚，较花瓣短，与萼片对生5枚较长；鳞片5个，横长方形，先端微缺；心皮5枚，卵状长圆形，直立，基部合生。种子长圆形，有微乳头状凸起，有窄翅。①②③④

bànruǐtángsōngcǎo

马尾黄连 **瓣蕊唐松草**

Thalictrum petaloideum L.

科属：毛茛科，唐松草属。
生境：山坡草地。
花期：6~7 月。

多年生草本。基生叶数个，三至四回三出或羽状复叶；小叶草质，窄椭圆形至近圆形，3 裂或不裂，全缘；具长叶柄。花序伞房状。萼片 4 枚，白色，早落，卵形；雄蕊多数，花丝上部倒披针形，下部丝状；心皮 4~13 枚。瘦果窄椭圆形，稍扁。①②

相近种　**箭头唐松草** ***Thalictrum simplex*** L. 圆锥花序，分枝与轴成 45° 角斜上开展，萼片狭椭圆形③。**东亚唐松草** ***Thalictrum minus*** var. ***hypoleucum*** (Siebold & Zucc.) Miq. 花序圆锥状多花，萼片绿白色，窄卵形④。

dōnglíngxiùqiú

东陵绣球 东陵八仙花

Hydrangea bretschneideri Dippel

科属：虎耳草科，绣球属。

生境：山谷溪边或山坡密林或疏林中。

花期：6~7 月。

灌木。叶薄纸质，卵形至倒长卵形，先端渐尖，具短尖头，基部宽楔形或近圆，有小锯齿。伞房状聚伞花序较短小，分枝 3 条。不育花萼片 4 枚；孕性花萼筒杯状，萼齿三角形；花瓣分离，白色，卵状披针形或长圆形。蒴果近圆形。①②③

相近种　绣球 ***Hydrangea macrophylla*** (Thunb.) Ser. 伞房状聚伞花序近球形或头状，径 8~20 厘米，分枝粗，近等长，密被紧贴柔毛，花密集④。

duǎnmáodúhuó

短毛独活

Heracleum moellendorffii Hance

科属：伞形科，独活属。
生境：阴坡山沟旁、林缘或草甸子。
花期：7~8月。

①

②

③

④

多年生草本。根圆锥形、粗大。茎直立，有棱槽，上部开展分枝。叶具长柄；叶片轮廓广卵形，薄膜质，三出式分裂，裂片广卵形至圆形、心形、不规则的3~5裂，裂片边缘具粗大的锯齿，小叶柄显著；茎上部叶有显著宽展的叶鞘。复伞形花序顶生和侧生；伞辐12~30枝，不等长；花柄细长；萼齿不显著；花瓣白色，二型；花柱基短圆锥形，花柱叉开。分生果圆状倒卵形，顶端凹陷，背部扁平。①②③

相近种　棱子芹 ***Pleurospermum uralense*** Hoffm. 花瓣白色，宽卵形④。

gāoshānshī

高山蓍 锯齿草，羽衣草

Achillea alpina L.

科属：菊科，蓍属。

生境：山坡草地、灌丛间、林缘。

花期：7~9月。

多年生草本。叶无柄，线状披针形，篦齿羽状浅裂至深裂，基部裂片抱茎，裂片线形或线状披针形，尖锐，有锯齿或浅裂，齿端和裂片有软骨质尖头。头状花序集成伞房状；总苞宽长圆形或近圆形，总苞片3层。边缘舌状花舌片白色，宽椭圆形，先端3浅齿，管部翅状扁；管状花白色，冠檐5裂。①②③

相近种　蓍 ***Achillea millefolium*** L. 头状花序多数，密集成复伞房状；舌状花5枚，舌片近圆形，白、粉红色或淡紫红色，先端2~3齿；盘花管状，黄色，冠檐5齿裂④。

jiēgǔmù

九节风，续骨草 **接骨木**

Sambucus williamsii Hance

科属：五福花科，接骨木属。

生境：山坡、灌丛、沟边、路旁等处。

花期：4~5月。

4

灌木或小乔木。叶为奇数羽状复叶，对生；小叶 5~11 枚，椭圆形或倒卵状长圆形，侧小叶稀为长圆状卵形，常中上部最宽，先端渐尖，揉碎后有臭味；小叶柄短，中间的侧小叶有时近无柄。聚伞状圆锥花序顶生，花序呈伞形，果序呈宽圆锥形或三角形，多左右侧扁，花小，白色至黄白色；萼筒杯状，萼裂片三角状披针形；花冠辐状，裂片 5 枚，长椭圆形，常外翻；雄蕊 5 枚。核果近圆形，成熟后紫黑色，稀暗红色。①②③④

nánshéténg

南蛇藤 果山藤，香龙草

Celastrus orbiculatus Thunb.

科属：卫矛科，南蛇藤属。

生境：山坡灌丛。

花期：5~6月。

藤状灌木。叶宽倒卵形、近圆形或椭圆形，先端圆，具小尖头或短渐尖，基部宽楔形或近圆，具锯齿；叶柄长1~2厘米。聚伞花序腋生，间有顶生，有1~3朵花。关节在花梗中下部或近基部；雄花萼片钝三角形；花瓣倒卵状椭圆形或长圆形；花盘浅杯状，裂片浅；雌花花冠较雄花窄小；子房近圆形；具退化雄蕊。蒴果近圆形。种子椭圆形，赤褐色。①②③④

yějiǔ

野韭

Allium ramosum L.

科属：百合科，葱属。

生境：向阳山坡、草坡或草地上。

花期：6~9月。

多年生草本。叶三棱状条形，背面具呈龙骨状隆起的纵棱，中空，比花序短。花葶圆柱状，下部被叶鞘；总苞单侧开裂至2裂，宿存；伞形花序半球状或近球状，多花；花白色，稀淡红色；内轮花被片矩圆状倒卵形，先端具短尖头或钝圆，外轮的常与内轮的等长但较窄，矩圆状卵形至矩圆状披针形，先端具短尖头。①②

相近种 **山韭** ***Allium senescens*** L. 花淡紫色或紫红色③。**雾灵韭** ***Allium stenodon*** Nakai & Kitag. 花序半球状至近半球状，花密集，常为蓝色和紫蓝色，稀紫色④。

xiàzhìcǎo

夏至草 白花益母，夏枯草

Lagopsis supina

(Steph. ex Willd.) Ikonn.-Gal. ex Knorring

科属：唇形科，夏至草属。

生境：旷地。

花期：3~4 月。

多年生草本。茎带淡紫色，密被微柔毛。叶圆形，先端圆，基部心形3 浅裂或深裂，裂片具圆齿或长圆状牙齿，基生裂片较大；基生叶柄较长茎上部叶柄较短。轮伞花序疏花，径约 1 厘米，小苞片弯刺状。花萼被微柔毛，萼齿三角形；花冠白色，稀粉红色，稍伸出，长约 7 毫米，被绵状长柔毛，冠筒上唇长圆形，全缘，下唇中裂片扁圆形，侧裂片椭圆形小坚果褐色，被鳞片。①②③④

báiqūcài

断肠草，见肿消 **白屈菜**

Chelidonium majus L.

科属：罂粟科，白屈菜属。

生境：山坡、山谷林缘草地或路旁、石缝。

花期：4~9月。

多年生草本。蓝灰色，具黄色汁液。基生叶倒卵状长圆形或宽倒卵形，羽状全裂，裂片2~4对，倒卵状长圆形，具不规则深裂或浅裂，裂片具圆齿，叶柄明显；茎生叶互生，具短柄。花多数，伞形花序腋生；具苞片。花瓣4枚，倒卵形，黄色；雄蕊多数；花柱明显，柱头2裂。蒴果窄圆柱形，近念珠状，具柄，柱头宿存。①②③④

huāmáo

花锚 西伯利亚花锚

Halenia corniculata (L.) Cornaz

科属：龙胆科，花锚属。
生境：山坡草地、林下及林缘。
花期：7~9 月。

1

2

3

4

一年生直立草本。基生叶倒卵形或椭圆形，先端圆或钝尖，基部楔形渐狭呈宽扁的叶柄，通常早枯萎；茎生叶椭圆状披针形或卵形，先端渐尖基部宽楔形或近圆形，全缘，无柄或具极短而宽扁的叶柄。聚伞花序顶生和腋生；花 4 数，直径约 1 厘米；花萼裂片狭三角状披针形，先端渐尖；花冠黄色、钟形，冠筒裂片卵形或椭圆形，先端具小尖头，具短距；雄蕊内藏，花药近圆形；子房纺锤形，无花柱，柱头 2 裂，外卷。蒴果卵圆形淡褐色，顶端 2 瓣开裂。①②③④

jūnqiānzǐ

黑枣，牛奶柿 **君迁子**

Diospyros lotus L.

科属：柿树科，柿树属。

生境：山地灌丛或林缘。

花期：5~6月。

落叶乔木。树皮灰黑色或灰褐色，深裂或不规则的厚块状剥落。叶近革质，椭圆形或长椭圆形，先端渐尖，基部宽楔形或近圆。花冠壶形，花4数，雄花腋生、单生或数花簇生，带红色或淡黄色，雄蕊16枚，子房退化。雌花单生，淡绿色或带红色，退化雄蕊8枚，花柱4个。果近圆形或椭圆形，初熟时为淡黄色，后则变为蓝黑色，常被有白色薄蜡层。①②③④

liánqiáo

连翘　黄花杆，黄寿丹

Forsythia suspensa (Thunb.) Vahl

科属：木犀科，连翘属。

生境：山地灌丛、林下或草丛中。

花期：3~4 月。

落叶灌木。小枝略呈四棱形，疏生皮孔，节间中空。叶通常为单叶，或 3 裂至三出复叶，叶片卵形、宽卵形或椭圆状卵形至椭圆形，长 2~1厘米，宽 1.5~5 厘米，先端锐尖，基部圆形、宽楔形至楔形，叶缘除基外具锐锯齿或粗锯齿，上面深绿色，下面淡黄绿色，两面无毛。花通常生或 2 至数朵着生于叶腋，先于叶开放；花冠黄色，裂片倒卵状长圆或长圆形。果卵圆形、卵状椭圆形或长椭圆形，先端喙状渐尖，表面疏皮孔。①②③④

lùbiānqīng

兰布政 **路边青**

Geum aleppicum Jacq.

科属：蔷薇科，路边青属。
生境：草地、沟边、河滩或林间等处。
花期：7~10月。

多年生草本。基生叶为大头羽状复叶，小叶2~6对，茎生叶羽状复叶，时重复分裂，具不规则粗大锯齿。花序顶生，疏散排列，花瓣黄色，近形，萼片卵状三角形，副萼片披针形，先端渐尖；花柱顶生，3/4宿存。合果倒卵状圆形，瘦果被长硬毛，宿存花柱顶端有小钩；果托被短硬毛。②③④

qínyètiěxiànlián

芹叶铁线莲 透骨草

Clematis aethusifolia Turcz.

科属：毛茛科，铁线莲属。

生境：山坡及水沟边。

花期：7~8 月。

多年生草质藤本。茎纤细，有纵沟纹。二至三回羽状复叶或羽状细裂，末回裂片线形；小叶柄短，边缘有时具翅。聚伞花序腋生，常 1~3 朵花，苞片羽状细裂；花钟状下垂；萼片 4 枚，淡黄色，长方椭圆形或狭卵形，雄蕊长为萼片之半，花丝扁平；子房扁平，卵形。瘦果扁平，宽卵形或圆形，成熟后棕红色，花柱宿存。①②

相近种　**灌木铁线莲** ***Clematis fruticosa*** Turcz. 萼片黄色，斜展，椭圆状卵形③。**黄花铁线莲** ***Clematis intricata*** Bunge 萼片黄色，窄卵形④。

tángjiè

糖芥

Erysimum amurense Kitag.

科属：十字花科，糖芥属。
生境：在田边荒地、山坡。
花期：5~8 月。

一年生或二年生草本。叶披针形或长圆状线形，基生叶顶端急尖，基渐狭，全缘；上部叶有短柄或无柄，基部近抱茎。总状花序顶生，有多花；萼片长圆形；花瓣橘黄色，倒披针形，顶端圆形，基部具长爪；雄 6 枚，近等长。长角果线形，稍呈四棱形。①②

相近种　**小花糖芥** ***Erysimum cheiranthoides*** L. 花瓣淡黄色，匙形，先端圆或截，基部具爪③。**毛萼香芥** ***Clausia trichosepala*** (Turcz.) Dvorák 花瓣倒卵形，基具线形长爪，颜色多变，白色至紫色④。

yěyīngsù

野罂粟

Papaver nudicaule L.

科属：罂粟科，罂粟属。

生境：林下、林缘或山坡草地。

花期：5~9 月。

多年生草本。根茎粗短，常不分枝，密被残枯叶鞘。茎极短。叶基生卵形或狭卵形，羽状浅裂、深裂或全裂，裂片 2~4 对，小裂片狭卵形、披针形或长圆形；叶柄基部鞘状。花葶 1 至数枝，花单生花葶顶端。片 2 枚，早落；花瓣 4 枚，宽楔形或倒卵形，具浅波状圆齿及短爪，黄色、黄色或橙黄色，稀红色；花丝钻形；柱头 4~8 个，辐射状。果倒卵圆形、倒卵圆形或倒卵状长圆形，具 4~8 条肋；柱头盘状，具缺状圆齿。①②③④

yuèjiàncǎo

山芝麻，夜来香 # 月见草

Oenothera biennis L.

科属：柳叶菜科，月见草属。
生境：栽培，或逸生于开旷荒坡路旁。
花期：7~10月。

二年生直立草本。基生莲座叶丛紧贴地面。基生叶倒披针形，边缘疏
三齿；茎生叶椭圆形或倒披针形，基部楔形，有稀疏钝齿。穗状花序，不
}枝，或在主序下面具次级侧生花序；苞片叶状，宿存。萼片长圆状披针形，
E端尾状，自基部反折，又在中部上翻；花瓣黄色，稀淡黄色，宽倒卵形，
E端微凹；子房圆柱状，具4棱，花柱伸出花筒。蒴果锥状圆柱形，直立，
录色，具棱。种子在果中呈水平排列，暗褐色，棱形，具棱角和不整齐洼点。
）②③④

cùjiāngcǎo

酢浆草 酸味草，酸醋酱

Oxalis corniculata L.

科属：酢浆草科，酢浆草属。

生境：草地、河谷、道旁或阴湿处等。

花期：2~9 月。

草本。根茎稍肥厚。茎细弱，直立或匍匐。叶基生，茎生叶互生，小叶 3 枚，倒心形，先端凹下；叶柄基部具关节。花单生或数朵组成伞形花序状，腋生，花直径小于 1 厘米；总花梗淡红色，与叶近等长。萼片枚，披针形或长圆状披针形；花瓣 5 枚，黄色，长圆状倒卵形；雄蕊 10 枚基部合生，长短相间；花柱 5 条。蒴果长圆柱形，具 5 条棱。①②③

相近种　**黄花酢浆草** *Oxalis pes-caprae* L. 花直径约 2 厘米；小叶表面具紫色斑点④。

huánghǎitáng

八宝茶，红旱莲 **黄海棠**

Hypericum ascyron L.

科属：藤黄科，金丝桃属。

生境：林地、灌丛、草地或河岸湿地等处。

花期：7~8月。

多年生草本。茎直立，具4条棱线。单叶，对生，近革质，长圆状卵
彡至长圆状披针形，顶端渐尖或钝；基部楔形或心形，抱茎，全缘。单花
戈花形成聚伞花序，顶生或腋生；花黄色，大形；花梗长1~3厘米；萼
亡5枚，卵形，先端钝圆；花瓣5枚，黄色，各瓣偏斜而旋转；雄蕊多
女5束；子房卵状，棕褐色，5室，花柱5个，通常自中部或中部以下处
}离，花柱与子房略等长或稍长。蒴果圆锥形，棕褐色，成熟时先端5裂。
)②③④

jíli

蒺藜 白蒺藜

Tribulus terrestris L.

科属：蒺藜科，蒺藜属。
生境：沙地、荒地、山坡、居民点附近。
花期：5~8 月。

一年生草本。茎平卧，深绿色或淡褐色。复叶长 1.5~5 厘米；小叶对生 3~8 对，长圆形或斜长圆形，基部近圆稍偏斜，被柔毛，全缘。花腋生。花梗短于叶；萼片宿存；花瓣 5 枚；雄蕊 10 枚，生于花盘基部，花丝基部具鳞片状腺体；子房 5 棱，柱头 5 裂，每子室 3~5 胚珠。分果爿 5 个，被小瘤，中部边缘具 2 枚锐刺，下部具 2 枚锐刺。①②③④

jīnlùméi

金老梅，药王茶 **金露梅**

Potentilla fruticosa L.

科属：蔷薇科，委陵菜属。
生境：山坡草地、砾石坡、灌丛及林缘。
花期：6~9月。

1

2

3

4

小灌木。奇数羽状复叶，小叶通常5枚，长圆形，先端锐尖，基部楔形，边全缘；叶柄短；托叶膜质，下部与叶柄愈合。花单生于叶腋或顶生数朵成伞房花序；花黄色；副萼披针形至条形，先端尖或偶尔2裂，比萼片短或近等长，萼片三角状卵圆形或卵形，淡褐黄色；花瓣圆形，比萼片约长3倍。瘦果卵圆形，棕褐色。①②③

相近种　银露梅 ***Potentilla glabra*** Lodd. 萼片卵形，先端急尖或短渐尖，副萼片披针形至卵形，比萼片短或近等长；花瓣白色，倒卵形④。

mǎchǐxiàn

马齿苋 瓜子菜，猪肥菜

Portulaca oleracea L.

科属：马齿苋科，马齿苋属。

生境：常见杂草。

花期：5~8 月。

一年生草本。全株无毛。茎平卧或斜倚，铺散，多分枝，圆柱形，淡绿色或带暗红色。叶互生或近对生，扁平肥厚，倒卵形，先端钝圆或平截有时微凹，基部楔形，全缘，上面暗绿色，下面淡绿色或带暗红色，中脉微隆起；叶柄粗短。花常 3~5 朵簇生枝顶，午时盛开；叶状膜质苞片 2~6 枚近轮生。萼片 2 枚，对生，绿色，盔形，背部龙骨状凸起，基部连合；花瓣 5 枚，黄色，基部连合；雄蕊 8 枚或更多，花药黄色，花柱较雄蕊稍长。蒴果。种子黑褐色。①②③④

máogèn

老虎脚迹，五虎草 **毛茛**

Ranunculus japonicus Thunb.

科属：毛茛科，毛茛属。
生境：田沟旁和林缘路边的湿草地上。
花期：4~8 月。

多年生草本。根茎短。茎中空。基生叶数枚，心状五角形，3 深裂，裂片楔状菱形或菱形，3 浅裂，具不等牙齿，侧裂片斜扇形，不等 2 裂，生叶渐小。花序顶生，3~15 朵花，萼片 5 枚，卵形，花瓣 5 枚，倒卵形；蕊多数，花柱宿存。瘦果扁，斜宽倒卵圆形，具窄边。①②③

相近种　**茴茴蒜** ***Ranunculus chinensis*** Bunge 萼片 5 枚，反折，窄卵形，长 ~5 毫米；花瓣 5 枚，倒卵形，长 5~6 毫米；雄蕊多数④。

shémé i

蛇莓 龙吐珠，三爪风

Duchesnea indica (Andrews) Focke

科属：蔷薇科，蛇莓属。

生境：山坡、河岸、草地、潮湿的地方。

花期：6~8 月。

多年生草本。根状茎粗壮。具多数长而纤细的匍匐茎。掌状复叶具叶柄疏离，托叶叶状，与叶柄分离；小叶通常 3 枚，膜质，倒卵形或菱状长圆形先端圆钝，有钝锯齿，两面被柔毛或上面无毛；小叶柄被柔毛，托叶窄形或宽披针形。花单生叶腋；花梗被柔毛；萼片卵形，副萼片倒卵形，比萼片长，先端有 3~5 锯齿；花瓣倒卵形，黄色；雄蕊 20~30 枚；心皮多数离生，花托在果期膨大，海绵质，鲜红色，有光泽。瘦果卵圆形，光滑或具不明显的突起。①②③④

shídiāobǎi

露笋 石刁柏

Asparagus officinalis L.

科属：百合科，天门冬属。

生境：草原。

花期：5~6月。

直立草本。根径2~3毫米。茎平滑，上部后期常俯垂，分枝较柔弱。叶状枝3~6成簇，近扁的圆柱形，微有钝棱，纤细，常稍弧曲；鳞叶基部有刺状短距或近无距。花1~4腋生，绿黄色。花梗关节生于上部或近中部；雄花花被长5~6毫米；花丝中部以下贴生花被片；雌花花被长约3毫米。浆果成熟时红色，具2~3粒种子。①②③④

shuǐmáogèn

水毛茛

Batrachium bungei (Steud.) L. Liou

科属：毛茛科，水毛茛属。

生境：溪流、河滩、湖中或水塘中。

花期：5~8 月。

多年生沉水草本。叶有短或长柄；叶片轮廓近半圆形或扇状半圆形，3~5 回 2~3 裂，小裂片近丝形，在水外通常收拢或近叉开；叶柄基部有宽或狭鞘。萼片反折，卵状椭圆形，边缘膜质；花瓣白色，基部黄色，倒卵形；雄蕊 10 余枚。聚合果卵圆形；瘦果 20~40 个，斜狭倒卵形，有横皱纹。①②③④

tiānxiānzǐ

天仙子

黑莨菪，马铃草

Hyoscyamus niger L.

科属：茄科，天仙子属。

生境：山坡、路旁、住宅区及河岸沙地。

花期：5~8 月。

一年生或二年生草本。自根茎生出莲座状叶丛，卵状披针形或长圆形，端尖，基部渐窄，具粗齿或羽状浅裂，中脉宽扁，叶柄翼状，基部半抱茎；茎生叶卵形或三角状卵形，先端钝或渐尖，基部宽楔形半抱茎，不或羽裂；茎顶叶浅波状，裂片多为三角形，无叶柄。花单生叶腋，在茎端组成蝎尾式总状花序，常偏向一侧，花近无梗；花萼筒状钟形，裂片不等大，花后坛状，具纵肋，裂片张开，刺状；花冠钟状，长约花萼的倍，黄色，肋纹紫堇色。①②③④

wěilíngcài

委陵菜 生血丹，天青地白

Potentilla chinensis Ser.

科属：蔷薇科，委陵菜属。
生境：草地、林缘、灌丛或疏林下。
花期：4~10 月。

多年生草本。花茎直立或上升。基生叶为羽状复叶，有小叶 5~15 对茎生叶与基生叶相似，唯叶片对数较少。伞房状聚伞花序；萼片三角卵形顶端急尖，副萼片带形或披针形，顶端尖；花瓣黄色，宽倒卵形，顶端微凹比萼片稍长。①②

相近种　**翻白草** ***Potentilla discolor*** Bunge 萼片三角状卵形，副萼片披针形短于萼片，花瓣黄色，倒卵形③。**莓叶委陵菜** ***Potentilla fragarioides*** L. 花梗纤细萼片三角状卵形，副萼片长圆状披针形，与萼片近等长或稍短④。

huánghuāyóudiǎncǎo

黄花油点草

Tricyrtis pilosa Wall.

科属：百合科，油点草属。
生境：山坡林下、路旁等处。
花期：7~9 月。

多年生草本。叶互生，矩圆形、椭圆形至倒卵形，顶端渐尖，上部的基部略呈心形或心形而抱茎。聚伞花序疏生少花，顶生或生上部叶腋，被片 6 枚，通常黄绿色，矩圆形，向上斜展或近水平伸展，但绝不向反折；雄蕊 6 枚，花丝稍长于花被片，柱头 3 个，深 2 裂。蒴果棱状圆形，具 3 棱。①②③

相近种 **油点草** ***Tricyrtis macropoda*** Miq. 二歧聚伞花序，花疏散；花被片绿色或白色，内面具多数紫红色斑点；外轮 3 片在基部向下延伸而呈囊状④。

huángcìméi

黄刺玫 黄刺莓

Rosa xanthina Lindl.

科属：蔷薇科，蔷薇属。
生境：灌丛及开阔的山坡。
花期：4~6 月。

灌木。枝密集，披散；小枝有散生皮刺，无针刺。小叶 7~13 枚；
叶宽卵形或近圆形，稀椭圆形，先端圆钝，基部宽楔形或近圆，有圆钝锯齿
叶轴和叶柄有小皮刺；托叶带状披针形，大部贴生叶柄，离生部分耳状
边缘有锯齿的腺。花单生叶腋，重瓣或半重瓣，黄色，无苞片；萼片披
形，全缘；花瓣宽倒卵形，先端微凹；花柱离生，微伸出萼筒，比雄蕊短
蔷薇果近圆形或倒卵圆形，熟时紫褐色或黑褐色；萼片反折。①②③④

chìguǒjú

翅果菊

Lactuca indica L.

科属：菊科，莴苣属。
生境：林缘、灌丛、草地及荒地。
花期：7~10月。

一年生或二年生草本。茎单生，直立，粗壮。中下部茎叶倒披针形至长椭圆形，二回羽状深裂，基部宽大，向上的茎叶渐小。头状花序多数，在茎枝顶端排成圆锥花序。总苞果期卵圆形，4~5层，边缘或上部边缘染红紫色。舌状小花21枚，黄色。瘦果椭圆形，压扁，棕黑色，边缘有宽翅，顶端急尖成粗喙。冠毛2层，白色。①②③

相近种　**毛脉翅果菊** ***Lactuca raddeana*** Maxim. 头状花序多数，沿茎枝顶端排成狭圆锥花序或总状圆锥花序，果期卵圆形；舌状小花约20枚，黄色④。

kuǎndōng

款冬 冬花，虎须，九尽草

Tussilago farfara L.

科属：菊科，款冬属。

生境：山谷湿地或林下。

花期：2~3 月。

多年生葶状草本。根茎横生。先叶开花，早春抽出花葶，有互生淡紫色鳞状苞叶。基生叶卵形或三角状心形，后出基生叶宽心形，边缘波状，顶端有增厚疏齿，掌状脉，具长柄。头状花序单生花葶顶端，初直立，花后下垂；总苞钟状，总苞片 1~2 层，披针形或线形，常带紫色；花序托平，小花异形；边缘有多层雌花，花冠舌状，黄色，柱头 2 裂；中央两性花少数，花冠管状，5 裂，花药基部尾状，柱头头状，不结实。瘦果圆柱形；冠毛白色，糙毛状。①②③④

yějú

野菊

菊花脑，疟疾草

Chrysanthemum indicum L.

科属：菊科，菊属。

生境：山坡、水湿地、滨海盐渍地等处。

花期：6~11 月。

多年生草本。基生叶脱落；茎生叶卵形或矩圆状卵形，羽状深裂，先端裂片大，裂片边缘均有浅裂或锯齿；上部叶渐小。头状花序生茎枝顶端排列成伞房状圆锥花序或不规则伞房花序；舌状花黄色，1~2 层，无雄蕊；中央为管状花，深黄色，先端 5 齿裂，雄蕊 5 枚，聚药，花丝分离；雌蕊 1 枚，花柱细长。瘦果全部同型。①②③

相近种　**紫花野菊** ***Chrysanthemum zawadskii*** Herbich 舌状花白色或紫红色，舌长 1~2 厘米，先端全缘或微凹④。

zhōnghuákǔmǎicài

中华苦荬菜 山苦荬，小苦苣

Ixeris chinensis (Thunb.) Kitag.

科属：菊科，苦荬菜属。

生境：山坡、河边灌丛或岩石缝隙中。

花期：1~10月。

多年生草本。茎上部分枝。基生叶长椭圆形至舌形，基部渐窄成翼柄，全缘，不裂至深裂，侧裂片2~4对，长三角形至线形；茎生叶2~4枚，长披针形或长椭圆状披针形，不裂，全缘，基部耳状抱茎。头状花序排成伞房花序；总苞圆柱状，总苞片3~4层，外层宽卵形，内层长椭圆状披针形。舌状小花黄色。瘦果长椭圆形，喙细丝状；冠毛白色。①②③

相近种 **尖裂假还阳参** ***Crepidiastrum sonchifolium*** (Bunge) Pak & Kawano 舌状小花黄色，茎生叶叶基抱茎④。

chánglièkǔjùcài

长裂苦苣菜

Sonchus brachyotus DC.

科属：菊科，苦苣菜属。

生境：山地草坡、河边或碱地。

花期：5~9月。

一年生草本。茎上部有伞房状花序分枝。基生叶与茎生叶沿茎向上渐\，卵形至倒披针形，羽状深裂、半裂或浅裂，基部圆耳状扩大，半抱茎。状花序少数在茎枝顶端排成伞房状花序。总苞钟状，4~5层。舌状小花数，黄色。瘦果褐色，冠毛白色。①②

相近种 **苦苣菜** ***Sonchus oleraceus*** L. 瘦果每面有3条细纵肋③。**苣荬菜** ***onchus wightianus*** DC. 总苞片外面沿中脉有1行头状具柄的腺毛，瘦果每面有5细纵肋④。

guǐzhēncǎo

鬼针草 三叶鬼针草，一包针

Bidens pilosa L.

科属：菊科，鬼针草属。
生境：村旁、路边及荒地中。
花期：全年。

一年生草本。茎下部叶3裂或不裂，花前枯萎；中部叶柄无翅，小叶3枚椭圆形或卵状椭圆形，具短柄，有锯齿；上部叶3裂或不裂，线状披针形外层总苞片7~8枚，线状匙形，草质；无舌状花，盘花筒状，冠檐5齿裂瘦果线形，具棱，顶端芒刺3~4根。①②

相近种 **狼杷草** ***Bidens tripartita*** L. 瘦果较宽，顶端平截，茎中部叶羽状深裂无舌状花，冠檐4裂③。**婆婆针** ***Bidens bipinnata*** L. 叶2~3回羽状分裂，花黄色，舌状花不育，盘花筒状④。

púgōngyīng

黄花地丁，婆婆丁 **蒲公英**

Taraxacum mongolicum Hand.-Mazz.

科属：菊科，蒲公英属。

生境：山坡草地、田野或河滩。

花期：4~9月。

多年生草本。叶倒卵状披针形、倒披针形或长圆状披针形，边缘有时具波状齿或羽状深裂，有时倒向羽状深裂或大头羽状深裂。不分枝花葶1至数个，密被蛛丝状白色长柔毛；总苞钟状，淡绿色，总苞片2~3层，外层卵状披针形。舌状花黄色，花药和柱头暗绿色。瘦果，冠毛白色。①②③④

táoyèyācōng

桃叶鸦葱

Scorzonera sinensis (Lipsch. & Krasch.) Nakai

科属：菊科，鸦葱属。
生境：山坡、丘陵地、荒地或灌木林下。
花期：4~9 月。

多年生草本。基生叶宽卵形至线形，渐窄成柄，柄基鞘状，边缘皱波状；茎生叶鳞片状，披针形或钻状披针形，基部心形，半抱茎或贴茎。头状花序单生茎顶；总苞圆柱状，约 5 层。舌状小花黄色。瘦果圆柱状肉红色；冠毛污黄色，大部羽毛状。①②

相近种　**鸦葱** ***Scorzonera austriaca*** Willd. 基生叶较狭窄，线形至长椭圆形，边缘平或稍皱③。**华北鸦葱** ***Scorzonera albicaulis*** Bunge 头状花序生茎枝顶端，成花序式排列，有明显茎及分枝④。

xuánfùhuā

金佛花，六月菊 旋覆花

Inula japonica Thunb.

科属：菊科，旋覆花属。

生境：山坡、湿润草地、河岸和田埂上。

花期：6~10 月。

多年生草本。中部叶长圆形至披针形，基部常有圆形半抱茎小耳，无
j，有小尖头状疏齿或全缘；上部叶线状披针形。头状花序排成疏散伞房
序，花序梗细长。总苞半圆形，总苞片约 5 层，线状披针形，近等长。
状花黄色，较总苞长 2~2.5 倍，舌片线形；冠毛白色，与管状花近等长。
)②

相近种 **土木香** ***Inula helenium*** L. 高大多年生草本，头状花序大，总苞片外
宽大③。**欧亚旋覆花** ***Inula britannica*** L. 叶基部宽大，有耳，半抱茎，花稍大④。

bǎimàigēn

百脉根 牛角花，五叶草

Lotus corniculatus L.

科属：豆科，百脉根属。

生境：湿润山坡、草地或河滩地等。

花期：5~9月。

多年生草本。羽状复叶；小叶5枚，基部2枚小叶呈托叶状，纸质，斜卵形或倒披针状卵形。伞形花序。花3~7朵集生于花序梗顶端；花梗短，基部有3枚与萼等长的叶状苞片，苞片宿存；花萼钟形，萼齿近相等与萼筒等长；花冠黄色或金黄色，旗瓣扁圆形，瓣片和瓣柄几乎等长，翼瓣和龙骨瓣等长，均稍短于旗瓣，龙骨瓣呈直角三角形弯曲，喙部窄尖花丝分离部稍短于雄蕊筒；花柱直，等长于子房成直角上指。荚果直，线状圆柱形褐色，二瓣裂，扭曲。①②③④

hónghuājǐnjìr

黄枝条，金雀儿 **红花锦鸡儿**

Caragana rosea Turcz. ex Maxim.

科属：豆科，锦鸡儿属。
生境：山坡及沟谷。
花期：5~6月。

灌木。假掌状复叶有小叶2对；长枝托叶宿存，短枝脱落；叶轴呈针状，脱落或宿存；小叶倒卵形，近革质，先端圆钝或微凹，具刺尖，基部楔形。花单生；花梗关节在中部以上；花萼管状钟形，常带紫红色；花冠黄色，常凋谢时变为红色。荚果圆筒形。①②

相近种　**鬼箭锦鸡儿** ***Caragana jubata*** (Pall.) Poir. 羽状复叶有4~6对小叶，叶轴硬化成刺，宿存，花冠玫瑰色、粉红色③。**北京锦鸡儿** ***Caragana pekinensis*** Kom. 羽状复叶有6~8对小叶，叶轴脱落，花冠黄色④。

pīzhēnyèyějuémíng

披针叶野决明 牧马豆，披针叶黄华

Thermopsis lanceolata R. Br.

科属：豆科，野决明属。

生境：草原沙丘、河岸和砾滩。

花期：5~7 月。

多年生草本。茎直立，被棕色长伏毛。掌状三出复叶，总叶柄被棕色毛；托叶大形，椭圆形或卵状披针形；小叶倒披针形或长椭圆形，先端钝圆或急尖，基部楔形。总状花序顶生，花轮生，每轮 2~3 朵；花冠黄色，旗瓣近圆形，先端微凹，基部具爪，翼瓣与旗瓣近等长或稍长，顶端圆，耳宽大，具爪，龙骨瓣与翼瓣等长；雄蕊 10 枚，分离。荚果长矩圆形，先端急尖并宿存花柱，褐色。①②③④

shuǐjīnfèng

水金凤

Impatiens noli-tangere L.

科属：凤仙花科，凤仙花属。
生境：山坡林下、林缘草地或沟边。
花期：7~9 月。

一年生草本。茎较粗壮，肉质，直立。叶互生，卵形或卵状椭圆形，端钝，基部圆钝或宽楔形，边缘有粗圆齿状齿，齿端具小尖；叶柄纤细。状花序具 2~4 朵花；花黄色；旗瓣圆形或近圆形，先端微凹，背面中具绿色鸡冠状突起，顶端具短喙尖；翼瓣无柄，2 裂，下部裂片小，长形，上部裂片宽斧形，近基部散生橙红色斑点，外缘近基部具钝角状的耳；唇瓣宽漏斗状，喉部散生橙红色斑点，基部渐狭成内弯的距。雄蕊枚。蒴果线状圆柱形。①②③④

zǐ

梓 臭梧桐，黄花楸

Catalpa ovata G. Don

科属：紫葳科，梓属。

生境：多栽培于村庄附近及公路两旁。

花期：5~6 月。

高大乔木。树冠伞形，主干通直。叶对生，有时轮生，阔卵形，长宽近相等，顶端渐尖，基部心形，常 3 浅裂。顶生圆锥花序，花萼蕾时球形，花冠钟状，淡黄色，内具 2 黄色条纹及紫色斑点。能育雄蕊 2 枚，退化雄蕊 3 枚；子房上位，棒状；花柱丝形，柱头 2 裂；蒴果线形，下垂①②③④

huánghuācài

黄花菜

金针菜，柠檬萱草

Hemerocallis citrina Baroni

科属：百合科，萱草属。
生境：山坡、山谷、荒地或林缘。
花期：5~9 月。

多年生草本。植株一般较高大。叶 7~20 枚，条形。花葶长短不一，般稍长于叶，基部三棱形，有分枝；苞片披针形，自下向上渐短；花梗短；花多朵，最多可达 100 朵以上；花被淡黄色，有时在花蕾时顶端黑紫色；花被裂片约为花被管的 2 倍以上，内三片较宽。①②

相近种　**北黄花菜** ***Hemerocallis lilioasphodelus*** L. 花序常为假二歧状的总状花或圆锥花序，花梗明显，花被淡黄色③。**小黄花菜** ***Hemerocallis minor*** Mill. 花很短，苞片近披针形，花较小④。

cǎomùxī

草木犀 黄香草木犀，辟汗草

Melilotus officinalis (L.) Lam.

科属：豆科，草木犀属。

生境：山坡、河岸、路旁、沙质草地。

花期：5~9 月。

二年生草本。羽状三出复叶，叶柄细长；小叶倒卵形至线形，先端
圆或截形，基部阔楔形，边缘具齿，粗糙，顶生小叶稍大，具较长的小叶
总状花序腋生，具花 30~70 朵，初时稠密，花开后渐疏松，花序轴在
期中显著伸展；苞片刺毛状；花梗与苞片等长或稍长；萼钟形，萼齿三
状披针形，稍不等长，比萼筒短；花冠黄色，旗瓣倒卵形，与翼瓣近等
龙骨瓣稍短或三者均近等长；雄蕊筒在花后常宿存包于果外，花柱长于
房。荚果卵形，棕黑色。①②③④

héshuòráohuā

拐拐花，老虎麻 **河朔荛花**

Wikstroemia chamaedaphne

(Bunge) Meisn.

科属：瑞香科，荛花属。

生境：山坡及路旁。

花期：6~8 月。

灌木。分枝密，纤细，幼枝淡绿色，近四棱形，老枝深褐色。叶近革
，对生，披针形或长圆状披针形，先端尖，基部楔形；叶柄极短。穗状
序或圆锥花序具多花，顶生或腋生。萼筒黄色，裂片 4 枚，2 大 2 小，
形，先端钝圆；雄蕊 8 枚，2 轮，生于萼筒中部以上，几无花丝；花盘
片 1 个，长圆形或线形；子房棒状，具柄，上部被淡黄色柔毛，花柱短，
头圆形，顶端稍扁，具乳突。果卵形。①②③④

huángjǐn

黄堇

Corydalis pallida (Thunb.) Pers.

科属：罂粟科，紫堇属。

生境：林间空地、河岸或多石坡地。

花期：3~5 月。

灰绿色丛生草本。基生叶多数，莲座状，花期枯萎；茎生叶稍密集，二回羽状全裂。总状花顶生和腋生，有时与叶对生。花黄色至淡黄色，粗大，平展；萼片近圆形，中央着生，边缘具齿。外花瓣顶端勺状，具短尖上花瓣具距；内花瓣具鸡冠状突起。蒴果线形，念珠状。①②

相近种　小黄紫堇 ***Corydalis raddeana*** Regel 花冠黄色，上花瓣背部鸡冠状起③。蛇果黄堇 ***Corydalis ophiocarpa*** Hook. f. & Thomson 花冠淡黄色或苍白色，花瓣先端暗紫红色或暗绿色④。

liǔchuānyú

柳穿鱼

Linaria vulgaris Mill.

科属：玄参科，柳穿鱼属。
生境：山坡、田边草地或多沙的草原。
花期：6~9 月。

多年生草本。茎直立，单一或分枝，无毛。叶通常互生或下部叶轮生，全部叶均为 4 片轮生的；叶条形，通常具单脉，稀 3 脉。总状花序顶生，花密集；苞片条形至狭披针形，比花梗长；花梗长 3~10 毫米；花萼裂披针形，外面无毛，里面稍密被腺毛；花冠黄色，上唇比下唇长，裂片形，下唇侧裂片卵圆形，中裂片舌状，距稍弯曲；雄蕊 4 枚，2 枚较长；蕊子房上位，2 室。蒴果椭圆状圆形或近圆形。种子圆盘形。①②③④

péngzicài

蓬子菜

Galium verum L.

科属：茜草科，拉拉藤属。

生境：山地、河滩、灌丛或林下等处。

花期：4~8 月。

多年生草本。茎有 4 棱。叶纸质，6~10 枚轮生，线形，先端短尖，边缘常卷成管状。聚伞花序顶生和腋生，多花，常在枝顶组成圆锥状花序，花稠密；花梗极短；萼筒无毛；花冠黄色，辐状，径约 3 毫米，裂片卵形或长圆形。果爿双生，近球状。①②

相近种　**林猪殃殃** ***Galium paradoxum*** Maxim. 萼密被黄棕色钩毛，花冠白色，辐状，径 2.5~3 毫米，裂片卵形③。**北方拉拉藤** ***Galium boreale*** L. 花冠白色或黄色，径 3~4 毫米，辐状，裂片卵状披针形④。

xiábāotuówú

狭苞橐吾

Ligularia intermedia Nakai

科属：菊科，橐吾属。

生境：水边、山坡、林地及高山草原。

花期：7~10 月。

多年生草本。丛生叶与茎下部叶具长柄，基部具狭鞘，肾形或心形，上叶较小，茎最上部叶卵状披针形，苞叶状。总状花序；头状花序多数，射状；总苞钟形。舌状花 4~6 朵，黄色，舌片长圆形，先端钝；管状 7~12 朵，伸出总苞，冠毛紫褐色，有时白色，比花冠管部短。①②

相近种　**橐吾** ***Ligularia sibirica*** (L.) Cass. 冠毛白色，与花冠等长③。**蹄叶橐** ***Ligularia fischeri*** (Ledeb.) Turcz. 苞片卵状披针形，边缘常有齿，冠毛红褐色④。

lóngyácǎo

龙芽草 老鹤嘴，路边黄

Agrimonia pilosa Ledeb.

科属：蔷薇科，龙芽草属。

生境：溪边、草地、灌丛或林地。

花期：5~12月。

多年生草本。根多呈块茎状。叶为间断奇数羽状复叶，通常有小3~4对，稀2对，向上减少至3小叶；小叶片无柄或有短柄，倒卵形，卵椭圆形或倒卵披针形，顶端急尖至圆钝，基部楔形至宽楔形，边缘急尖到圆钝锯齿；托叶草质，绿色。总状花序成穗状顶生；苞片通常深裂，裂片带形，小苞片对生，卵形，全缘或边缘分裂；萼片5枚，三卵形；花瓣黄色，长圆形；雄蕊8~15枚；花柱2个，丝状，柱头头状①②③④

zàojiá

皂荚

刀皂，牙皂，皂角

Gleditsia sinensis Lam.

科属：豆科，皂荚属。
生境：山坡林中、谷地或栽培。
花期：3~5月。

落叶乔木。刺圆柱形，常分枝。叶为一回羽状复叶，小叶3~9对，卵状披针形或长圆形，先端急尖或渐尖，具细锯齿。花杂性，黄白色，组成总状花序。雄花萼片4枚，花瓣4枚；雄蕊8枚，具退化雌蕊；两性花略大于雄花，雄蕊8枚。荚果带状，肥厚，较大；果瓣革质，褐棕或红褐色，有多数种子；或荚果短小，无种子。①②③

相近种　山皂荚 ***Gleditsia japonica*** Miq. 棘刺与荚果扁，不规则扭转或弯曲作镰刀状④。

zhōngguómǎxiānhāo

中国马先蒿

Pedicularis chinensis Maxim.

科属：玄参科，马先蒿属。
生境：高山草地中。
花期：7 月。

一年生草本。叶基生与茎生，基生叶柄长；叶披针状长圆形或线状长圆形，羽状浅裂或半裂，卵形，有重锯齿。花序长总状；苞片叶状。花萼管状，有时具紫斑，前方约裂 2/5，萼齿 2 枚，叶状；花冠黄色，上唇上端渐弯，无鸡冠状凸起，喙细，半环状，下唇宽大于长近 2 倍，中裂片较小，顶部平截或微圆，不前凸于侧裂片。①②③

相近种　中国欧氏马先蒿 ***Pedicularis oederi*** var. ***sinensis*** (Maxim.) Hurus. 盔短，但萼和花管则很细长，萼齿顶端膨大有锯齿④。

bōyèdàihuáng

波叶大黄

Rheum rhabarbarum L.

科属：蓼科，大黄属。
生境：山地。
花期：6月。

大型草本。基生叶心状卵形或宽卵形，先端钝尖，基部心形，具皱波，
柄常暗紫红色；茎生叶三角状卵形，上部叶柄短至近无柄，托叶鞘深
色。圆锥花序，具 2 次以上分枝；花黄白色，3~6 朵簇生。花梗细，中
部具关节，花被片 6 枚，外 3 片宽椭圆形，内 3 片宽椭圆形或近圆形；
蕊 9 枚。果宽椭圆形或长圆状椭圆形，两端微凹，有时近心形，具翅。
②③

相近种　**酸模** ***Rumex acetosa*** L. 花单性，雌雄异株，瘦果无翅④。

luánshù

栾树 木栏牙，木栾

Koelreuteria paniculata Laxm.

科属：无患子科，栾树属。

生境：栽培或自生。

花期：6~8 月。

落叶乔木或灌木。一回或不完全二回或偶为二回羽状复叶，小
11~18 枚，对生或互生。聚伞圆锥花序，分枝长而广展；花淡黄色，稍
香；萼裂片卵形，呈啮蚀状；花瓣 4 枚，花时反折，线状长圆形，具瓣
瓣片基部的鳞片初黄色，花时橙红色；雄蕊 8 枚，雌花的较短。蒴果圆锥
顶端渐尖。①②③

相近种　**复羽叶栾树** ***Koelreuteria bipinnata*** Franch. 二回羽状复叶，小叶边有齿，无缺刻；蒴果椭圆形或近球形，顶端圆或钝④。

fèicài

费菜

金不换，景天三七

Phedimus aizoon (L.) 't Hart

科属：景天科，费菜属。

生境：灌丛、溪谷、河堤或岩石裂缝。

花期：6~7月。

多年生草本。叶互生，近革质，狭披针形至卵状倒披针形，先端渐尖，基部楔形，有齿。聚伞花序；萼片5枚，条形，肉质，不等长，先端钝；花瓣5枚，黄色，长圆形至椭圆状披针形，有短尖；雄蕊10枚，较花瓣短；鳞片5个，近正方形；心皮5枚，基部合生。蓇葖果星芒状排列，有直的喙。①②

相近种　**华北八宝** ***Hylotelephium tatarinowii*** (Maxim.) H. Ohba 花瓣5枚，浅红色，卵状披针形③。**垂盆草** ***Sedum sarmentosum*** Bunge 花瓣5枚，黄色，披针形或长圆形④。

huāmùxu

花苜蓿

Medicago ruthenica (L.) Trautv.

科属：豆科，苜蓿属。

生境：草原、沙地、河岸及沙砾质旷野。

花期：6~9 月。

多年生草本。羽状三出复叶，小叶倒披针形至线形，边缘 1/4 以上具尖齿。花序伞形，腋生，具 6~9 朵密生的花。花萼钟形；花冠黄褐色，中央有深红色或紫色条纹，旗瓣倒卵状长圆形至匙形，翼瓣稍短，龙骨瓣明显短，均具长瓣柄。荚果长圆形或卵状长圆形，扁平，顶端具短喙。①②

相近种　**野苜蓿** ***Medicago falcata*** L. 荚果镰形或线形，直或弧形弯曲达半圆左右，宽不到 3 毫米③。**紫苜蓿** ***Medicago sativa*** L. 荚果呈螺旋形转曲④。

qiǎnlièjiǎnqiūluó

剪秋罗，毛缘剪秋罗 # 浅裂剪秋罗

Lychnis cognata Maxim.

科属：石竹科，剪秋罗属。

生境：林下或灌丛草地。

花期：6~7 月。

多年生草本。叶片长圆状披针形或长圆形，基部宽楔形，不呈柄状，端渐尖。二歧聚伞花序，具数花，有时紧缩呈头状；苞片叶状；花萼筒棒形，后期微膨大，萼齿三角形，顶端渐尖；花瓣橙红色或淡红色，狭形，瓣片轮廓宽倒卵形，叉状浅 2 裂或深凹缺，裂片倒卵形；副花冠长圆状披针形，暗红色，顶端具齿；雄蕊及花柱微外露。①②③

相近种　**剪秋罗** ***Lychnis fulgens*** Fisch. 花瓣深红色，瓣片叉状深 2 裂，中裂长椭圆状条形；叶基部圆形，无柄④。

shāndān

山丹 细叶百合

Lilium pumilum Redoute

科属：百合科，百合属。

生境：山坡草地或林缘。

花期：7~8 月。

多年生草本。鳞茎卵形或圆锥形；鳞片长圆形或长卵形，白色。茎有小乳头状突起，有的带紫色条纹。叶散生茎中部，线形，中脉下面突出，边缘有乳头状突起。花单生或数朵成总状花序；花鲜红色，常无斑点，有时有少数斑点，下垂；花被片反卷，蜜腺两侧有乳头状突起；花丝无毛，花药黄色；柱头膨大，3 裂。蒴果长圆形。①②③④

jīnliánhuā

金莲花

Trollius chinensis Bunge

科属：毛茛科，金莲花属。
生境：山地草坡或疏林下。
花期：6~7月。

多年生草本。茎不分枝，疏生数叶。基生叶1~4枚，具长柄；叶五角形，部心形，3全裂，裂片分开，中裂片菱形，先端尖，3裂达中部或稍过中部，三回裂，具不等三角形锐齿，侧裂片扇形，2深裂近基部；叶柄基部具鞘；茎生叶似基生叶，下部叶具长柄，上部叶较小，具短柄或无柄。单顶生或2~3朵成聚伞花序；萼片多枚，金黄色，椭圆状倒卵形或倒卵形，端圆，具齿；花瓣多枚，稍长于萼片或与萼片近等长，稀较萼片稍短，形。①②③④

jiǎohāo

角蒿

Incarvillea sinensis Lam.

科属：紫葳科，角蒿属。

生境：山坡、田野。

花期：5~9月。

一年生至多年生草本。叶互生，二至三回羽状细裂，小叶不规则细裂，小裂片线状披针形，具细齿或全缘。顶生总状花序，疏散。小苞片绿色，线形；花萼钟状，绿色带紫红色，萼齿钻状，基部具腺体，萼齿间皱褶浅裂；花冠淡玫瑰色或粉红色，有时带紫色，钟状漏斗形，基部细筒长4厘米，径2.5厘米，花冠裂片圆形；雄蕊着生花冠近基部，花药成对靠合。蒴果淡绿色，细圆柱形，顶端尾尖。种子扁圆形，细小，四周具透明膜质翅，顶端具缺刻。①②③④

dǎwǎnhuā

扶子苗，喇叭花 **打碗花**

Calystegia hederacea Wall.

科属：旋花科，打碗花属。

生境：平原至高海拔荒地、路边、田野。

花期：3~9月。

一年生草本。叶互生，具长柄，基部的叶全缘，近椭圆形，基部心形，茎上部的叶三角状戟形，侧裂片开展，通常2裂。花单生叶腋，苞片2枚，圆形，包住花萼，宿存；萼片5枚，矩圆形，具小尖凸；花冠漏斗状，红色。①②

相近种 **欧旋花** ***Calystegia sepium*** subsp. ***spectabilis*** Brummitt 叶通常为卵状长圆，基部戟形，花冠淡红色③。**鼓子花** ***Calystegia silvatica*** subsp. ***orientalis*** Brummitt 片三角状卵形，花冠白色或有时淡红色或紫色④。

jǐndàihuā

锦带花 海仙，锦带

Weigela florida (Bunge) A. DC.

科属：锦带花科，锦带花属。

生境：杂木林下或山顶灌木丛中。

花期：4~8 月。

灌木。叶对生，常为椭圆形、倒卵形或卵状长圆形，先端凸尖或渐尖，基部圆形至楔形，边缘有锯齿；叶柄短。花序腋生，花大；花萼下部合生，上部 5 中裂；花冠外面紫红色，有毛，内面苍白色，漏斗状钟形，中部以下突然变狭，5 浅裂，裂片先端圆形，开展；雄蕊 5 枚，着生在花冠中上部，较花冠稍短，花药长形，纵裂；子房下位，柱头头状。蒴果圆柱形，具柄状的喙，2 瓣室间开裂。①②③④

máoruǐlǎoguàncǎo

毛蕊老鹳草

Geranium platyanthum Duthie

科属：牻牛儿苗科，老鹳草属。
生境：山地林下、灌丛和草甸。
花期：6~7 月。

多年生草本。单叶，互生，叶片肾状五角形，掌状 5 中裂或略深，裂菱状卵形，边缘有羽状缺刻或粗牙齿，尖头；茎叶有长柄，顶部的无柄；叶离生，膜质。聚伞花序顶生；萼片 5 枚，卵状椭圆形，先端具短尖；瓣 5 枚，紫蓝色，雄蕊 10 枚；花柱先端 5 裂，果后伸长。①②

相近种　老鹳草 ***Geranium wilfordii*** Maxim. 花白色或淡红色，较小，茎生叶 3 裂③。**鼠掌老鹳草** ***Geranium sibiricum*** L. 花白色或淡紫红色，较小，叶片 5 或仅茎上部叶 3 裂④。

měiqiángwēi

美蔷薇 油瓶子

Rosa bella Rehder & E. H. Wilson

科属：蔷薇科，蔷薇属。
生境：灌丛中。
花期：5~7 月。

灌木。小枝散生直立的基部稍膨大的皮刺，老枝常密被针刺。小
7~9 枚，椭圆形至长圆形，有单锯齿；小叶柄和叶轴有小皮刺，托叶大
贴生于叶柄。花单生或 2~3 朵集生；苞片卵状披针形；萼片卵状披针形
全缘，短于雄蕊。蔷薇果椭圆状卵圆形，熟时猩红色。①②

相近种 **野蔷薇** ***Rosa multiflora*** Thunb. 花柱合生，约与雄蕊等长，外伸③
山刺玫 ***Rosa davurica*** Pall. 托叶下面无皮刺，花瓣粉红色，倒卵形，先端不平整

shāntáo

山桃

山毛桃，榹桃，野桃

Amygdalus davidiana (Carriere) de Vos ex Henry

科属：蔷薇科，桃属。
生境：沟底或荒野疏林及灌丛内。
花期：3~4 月。

1

2

3

4

乔木。树皮暗紫色，光滑。叶卵状披针形，先端渐尖，基部楔形，具
锐锯齿；具叶柄。花单生，先叶开放。花梗极短或几无梗；萼筒钟形，
片卵形或卵状长圆形，紫色；花瓣倒卵形或近圆形，粉红色，先端钝圆，
微凹。核果近圆形，熟时淡黄色，果柄短而深入果洼，果肉薄而干，成
时不开裂。①②

相近种　榆叶梅 ***Amygdalus triloba*** (Lindl.) Ricker 果实成熟时干燥无汁，开裂③。
桃 ***Amygdalus persica f. duplex*** Rehder 花重瓣，淡红色④。

shānxìng

山杏 西伯利亚杏

Armeniaca sibirica (L.) Lam.

科属：蔷薇科，杏属。

生境：山坡、丘陵、草原或与落叶树种混生。

花期：3~4 月。

①

②

③

④

灌木或小乔木。叶卵形或近圆形，先端长渐尖或尾尖，基部圆或近
形，有细钝锯齿；具叶柄。花单生，先叶开放。花萼紫红色，萼筒钟形，萼片长圆状椭圆形，先端尖，花后反折；花瓣近圆形或倒卵形，白色或
红色；雄蕊几与花瓣等长。核果扁圆形，熟时黄色或橘红色，有时具红晕
干燥，成熟时开裂。①②③

相近种 杏 ***Armeniaca vulgaris*** Lam. 乔木，叶片较宽，果实多汁，成熟时
开裂④。

shǔkuí

蜀葵

棋盘花，一丈红

Alcea rosea L.

科属：锦葵科，蜀葵属。
生境：广泛栽培。
花期：2~8月。

二年生草本。叶近圆心形，掌状 5~7 浅裂或具波状棱角，裂片三角形近圆形，具圆齿；托叶卵形，先端 3 裂。花单生或近簇生叶腋，或成生总状花序，具叶状苞片。小苞片 6~7 枚，基部合生呈杯状，裂片卵披针形；花萼钟形，5 裂，裂片卵状三角形；花冠红色、紫色、白色、色、粉红色、黑紫色，重瓣或单瓣，花瓣倒卵状三角形，先端微凹缺，部具爪；雄蕊合生成柱，花丝纤细；花柱分枝与心皮同数。分果盘状，果爿多数，近圆形，具纵槽。①②③④

tiánxuánhuā

田旋花 扶田秧，箭叶旋花

Convolvulus arvensis L.

科属：旋花科，旋花属。

生境：耕地及荒坡草地上。

花期：6~8 月。

多年生草本。单叶互生；叶片卵状长圆形至披针形，先端钝或具小头，基部大多戟形全缘或 3 裂。花 1 至多朵生于叶腋；苞片 2 枚，线形；花萼 5 枚，稍不等，内萼片边缘膜质；花冠漏斗形，白色或粉红色，具不同色瓣中带，5 浅裂。①②

相近种 **北鱼黄草** ***Merremia sibirica*** (L.) Hallier f. 花冠淡红色，钟状，冠檐片三角形③。**银灰旋花** ***Convolvulus ammannii*** Desr. 花小，单生枝端，花冠漏斗状淡玫瑰色或白色带紫色条纹，5 浅裂④。

yānzhīhuā

胭脂花

Primula maximowiczii Regel

科属：报春花科，报春花属。
生境：林下和林缘湿润处。
花期：5~6月。

多年生草本。叶丛基部无鳞片；叶柄具膜质宽翅，通常甚短，有时与叶片近等长；叶倒卵状椭圆形、窄椭圆形或倒披针形，先端钝圆或稍尖，基部渐窄，具齿。伞形花序1~3轮，每轮6~10朵花。花萼窄钟状，分裂达全长1/3，裂片三角形；花冠暗朱红色，筒状，裂片窄长圆形，全缘，常反贴冠筒。蒴果稍长于花萼。①②③

相近种 **报春花** ***Primula malacoides*** Franch. 花萼钟状，通常长度大于直径，分裂达中部，裂片狭三角形至披针形，全缘④。

有斑百合

Lilium concolor
var. ***pulchellum*** (Fisch.) Regel

科属：百合科，百合属。
生境：阳坡草地和林下湿地。
花期：6~7 月。

多年生草本。鳞茎卵圆形；鳞片卵形或卵状披针形，白色，鳞茎上方茎上有根。茎少数近基部带紫色。叶散生，条形。花 1~5 朵排成近伞形或总状花序；花直立，星状开展，深红色，有斑点，有光泽；花被片矩圆状披针形，蜜腺两边具乳头状突起；雄蕊向中心靠拢，花药长矩圆形；子房圆柱形，花柱稍短于子房，柱头稍膨大。①②③④

cǎoshāoyào

草芍药

山芍药，野芍药

Paeonia obovata Maxim.

科属：芍药科，芍药属。

生境：山坡草地及林缘。

花期：5~6 月中旬。

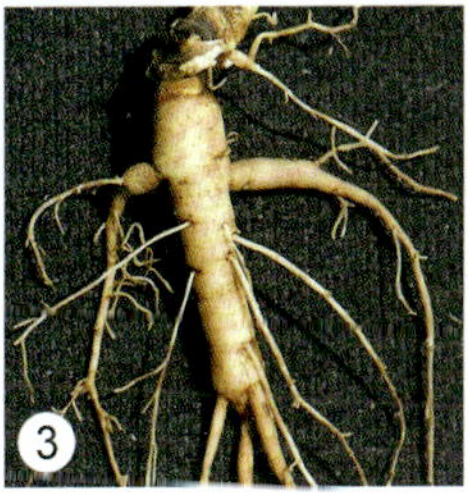

多年生草本。茎下部叶为二回三出复叶，顶生小叶倒卵形或宽椭圆形，端短尖，基部楔形，全缘，具柄；侧生小叶比顶生小叶小，同形，具短或近无柄；茎上部叶为三出复叶或单叶；叶柄较长。单花顶生；萼片~5 枚，宽卵形，淡绿色；花瓣 6 枚，白色、红色或紫红色，倒卵形；花淡红色，花药长圆形；花盘浅杯状，包住心皮基部。①②③

相近种 芍药 ***Paeonia lactiflora*** Pall. 花数朵，生茎顶和叶腋，花大，花瓣~13 枚，倒卵形④。

xiǎohóngjú

小红菊

Chrysanthemum chanetii H. Lév.

科属：菊科，菊属。
生境：草原、林缘、灌丛及河滩与沟边。
花期：7~10 月。

多年生草本。中部茎生叶肾形至宽卵形，常 3~5 掌状或掌式羽状浅裂或半裂，侧裂片椭圆形，顶裂片较大，裂片具齿；上部茎叶椭圆形或长椭圆形，接花序下部的叶长椭圆形或宽线形，羽裂、齿裂或不裂；中下部茎生叶基部稍心形或平截，具长柄。头状花序排成疏散伞房花序；总苞碟形，总苞片 4~5 层；舌状花白、粉红色或紫色，舌片先端 2~3 齿裂。①②③

相近种　小山菊 ***Chrysanthemum oreastrum*** Hance 舌状花白色或粉红色，舌片先端 3 齿或微凹④。

màzhatuǐzi

蚂蚱腿子

Myripnois dioica Bunge

科属：菊科，蚂蚱腿子属。
生境：山坡或林缘路旁。
花期：5月。

落叶小灌木。叶互生，短枝叶较窄，先端短尖或渐尖，基部圆或长楔形，全缘。头状花序4~9朵花，花序内小花同性，雌花和两性花异株，单生于短侧枝之顶，先叶开花；总苞钟形或近圆筒状，总苞片5枚，覆瓦状排列；花托小。雌花花冠具舌片；两性花花冠管状二唇形，檐部5裂，裂片极不等长。两性花的花柱长，不分枝，雌花花柱分枝通常外卷，顶端尖。雌花的冠毛多层，粗糙，浅白色；两性花的冠毛2~4条，白色。①②③④

héběimùlán

河北木蓝 狼牙草，野蓝枝子

Indigofera bungeana Walp.

科属：豆科，木蓝属。

生境：山坡、草地或河滩地。

花期：5~6月。

直立灌木。羽状复叶，叶柄显著，叶轴上面有槽；小叶2~4对，对生椭圆形。总状花序腋生；总花梗较叶柄短；苞片线形；花萼萼齿近相等，三角状披针形，与萼筒近等长；花冠紫色或紫红色，旗瓣阔倒卵形，翼与龙骨瓣等长，龙骨瓣有距。荚果褐色，线状圆柱形，种子间有横隔，果皮有紫红色斑点。①②③

相近种 **木蓝** ***Indigofera tinctoria*** L. 花萼钟状，萼齿三角形，与萼筒近等长；花冠红色，旗瓣宽倒卵形，翼瓣略短，龙骨瓣与旗瓣等长④。

húzhīzi

胡枝子

Lespedeza bicolor Turcz.

科属：豆科，胡枝子属。
生境：山坡、林缘、灌丛及杂木林间。
花期：7~9月。

1

2

3

4

灌木。三出复叶，草质，卵形，先端圆钝或微凹，具短刺尖。总状花常构成大型、较疏散的圆锥花序。花萼 5 浅裂，裂片常短于萼筒；花红紫色，旗瓣倒卵形，翼瓣近长圆形，具耳和瓣柄，龙骨瓣与旗瓣近等长，部具长瓣柄。①②

相近种　**美丽胡枝子** ***Lespedeza thunbergii*** subsp. ***formosa*** (Vogel) H. Ohashi 小叶先急尖至长渐尖，花冠红紫色③。**兴安胡枝子** ***Lespedeza davurica*** (Laxm.) Schindl. 冠白色或黄白色，闭锁花生于叶腋，结实④。

shǎohuāmǐkǒudài

少花米口袋 多花米口袋，米布袋

Gueldenstaedtia verna (Georgi) Boriss.

科属：豆科，米口袋属。

生境：山坡、路旁、田边等。

花期：3~5月。

多年生草本。主根圆锥状。分茎极缩短，叶及总花梗于分茎上丛生。奇数羽状复叶，早春至夏秋间叶长差别极大，小叶7~21枚，椭圆形至针形。伞形花序有2~6朵花；花萼钟状；花冠紫堇色，旗瓣倒卵形，全缘先端微缺，基部渐狭成瓣柄，翼瓣斜长倒卵形，具短耳，龙骨瓣倒卵形瓣柄约为瓣长一半；子房椭圆状，花柱内卷。荚果圆筒状；种子三角状肾形①②③④

sōnghāo

松蒿

Phtheirospermum japonicum

(Thunb.) Kanitz

科属：玄参科，松蒿属。

生境：山坡灌丛阴处。

花期：6~10 月。

一年生草本。有时高仅 5 厘米即开花，植株被腺毛。茎直立或弯曲而上升，通常多分枝。叶长三角状卵形，近基部的羽状全裂，向上则为羽深裂；小裂片长卵形或卵圆形，多少歪斜，边缘具重锯齿或深裂；叶柄缘有窄翅。花长 2~7 毫米；萼齿 5 枚，披针形，羽状浅裂至深裂，裂先端锐尖；花冠紫红色或淡紫红色，上唇裂片三角状卵形，下唇裂片先圆钝。蒴果。种子卵圆形，扁平。①②③④

dìhuáng

地黄 怀庆地黄，生地

Rehmannia glutinosa

(Gaertn.) Libosch. ex Fisch. & C.A. Mey.

科属：玄参科，地黄属。

生境：沙质壤土、荒山坡、山脚等处。

花期：4~7月。

多年生草本。根茎肉质，鲜时黄色。茎紫红色。叶通常在茎基部集莲座状，向上则强烈缩小成苞片，或逐渐缩小而在茎上互生；叶卵形或椭圆形，上面绿色，下面稍带紫色或紫红色，边缘具不规则齿，基部渐成柄。花序上升或弯曲，在茎顶部略排成总状花序，或全部单生叶腋。萼具10条隆起的脉，萼齿5枚；花冠筒多少弓曲，外面紫红色，裂片5枚先端钝或微凹，内面黄紫色，外面紫红色；雄蕊4枚；花柱顶部扩大成枚片状柱头。①②③④

chēngliǔ

观音柳，红筋条 **柽柳**

Tamarix chinensis Lour.

科属：柽柳科，柽柳属。
生境：平原，海滨、潮湿盐碱地和沙荒地。
花期：4~9月。

小乔木或灌木。幼枝稠密纤细，常开展而下垂，红紫色或暗紫红色，
j光泽。叶鲜绿色，钻形或卵状披针形，长1~3毫米，背面有龙骨状突起，
端内弯。每年开花2~3次；春季总状花序侧生于去年生小枝，下垂；夏、
季总状花序生于当年生枝顶端，组成顶生长圆形或窄三角形的大型圆锥
序。花梗纤细；花瓣卵状椭圆形或椭圆裂片再裂成10裂片状，紫红色，
质；雄蕊5枚，花丝着生于花盘裂片间；花柱3个，棍棒状。蒴果圆锥形。
)②③④

dìyú

地榆 黄爪香，山枣子，玉札

Sanguisorba officinalis L.

科属：蔷薇科，地榆属。
生境：草地、灌丛中、疏林下。
花期：7~10 月。

多年生草本。茎有棱。基生叶为羽状复叶，小叶 4~6 对，叶柄无毛或基部有稀疏腺毛；小叶卵形或长圆状卵形；茎生叶较少，小叶长圆形或长圆状披针形。穗状花序椭圆形、圆柱形或卵圆形，直立，从花序顶端向下开放，萼片 4 枚，紫红色，椭圆形或宽卵形，雄蕊 4 枚，花丝丝状，与萼片近等长或稍短。瘦果包藏宿存萼筒内，有 4 棱。①②③④

hóngliǎo

红蓼

东方蓼，狗尾巴花

Polygonum orientale L.

科属：蓼科，蓼属。

生境：沟边湿地、村边路旁。

花期：6~9 月。

一年生草本。叶卵形或宽卵形，先端渐尖，基部圆形或宽楔形，全缘，下部叶较大，上部叶变狭。穗状花序下垂，组成疏松的圆锥花序；苞鞘状，卵形，内含 1~5 朵花；花梗细。花被紫红色、粉红色或白色，5 深裂；蕊 7 枚，花药外露；花柱 2 个，基部合生。①②

相近种　**珠芽拳参** ***Polygonum viviparum*** L. 穗状花序单生茎顶，中下部生珠芽，淡红色③。**拳参** ***Polygonum bistorta*** L. 总状花序呈穗状，顶生，紧密，花白色淡红色④。

qiānqūcài

千屈菜

Lythrum salicaria L.

科属：千屈菜科，千屈菜属。

生境：河岸、湖畔、溪沟边和潮湿草地。

花期：7~9 月。

多年生草本。宿根木质状。茎直立，多分枝，四棱形或六棱形。叶
生或 3 枚轮生，狭披针形，先端钝或渐尖，基部心形或圆形，无柄，
时略抱茎，全缘。总状花序顶生；苞片阔披针形或三角状卵形。花两性
数朵簇生于叶状苞片腋内，具短梗；花萼筒状，顶端具 6 枚齿；萼片 6
三角形；附属体线状，直立；花瓣 6 枚，紫色，生于萼筒上部；雄蕊 12
6 长 6 短，排成 2 轮；子房上位，2 室。蒴果包藏于萼内，椭圆形，2
裂片再 2 裂。①②③④

wǎsōng

狗指甲，瓦塔 **瓦松**

Orostachys fimbriata (Turcz.) A. Berger

科属：景天科，瓦松属。

生境：山坡石上或屋瓦上。

花期：8~9月。

二年生草本。一年生莲座丛的叶短；莲座叶线形，先端增大，为白色软骨质，半圆形，有齿；二年生花茎较高；叶互生，疏生，有刺，线形至披针形。花序总状，紧密，或下部分枝，呈金字塔形；苞片线状渐尖；萼片 5 枚，长圆形；花瓣 5 枚，红色，披针状椭圆形，先端渐尖；雄蕊 10 枚，与花瓣同长或稍短，花药紫色。①②③

相近种 **钝叶瓦松** ***Orostachys malacophylla*** (Pall.) Fisch. 花序紧密，有时有分枝；花瓣 5 枚，白色或带绿色，长圆形至卵状长圆形④。

fǎngùmǎxiānhāo

返顾马先蒿

Pedicularis resupinata L.

科属：玄参科，马先蒿属。

生境：湿润草地及林缘。

花期：6~8月。

多年生草本。茎上部多分枝。叶均茎生，互生或中下部叶对生；叶卵形或长圆状披针形，有钝圆重齿，齿上有浅色胼胝或刺尖，常反卷。总状苞片叶状。花萼长卵圆形，前方深裂，萼齿2枚；花冠淡紫红色，花冠筒基部向右扭旋，下唇及上唇成返顾状，上唇上部两次稍膝状弓曲，顶端成圆锥状短喙，背部常被毛，下唇稍长于上唇，锐角开展，中裂片较小，略前凸。①②③④

shǒushēn

手参

Gymnadenia conopsea (L.) R. Br.

科属：兰科，手参属。
生境：山坡林下、草地或砾石滩草丛中。
花期：6~8 月。

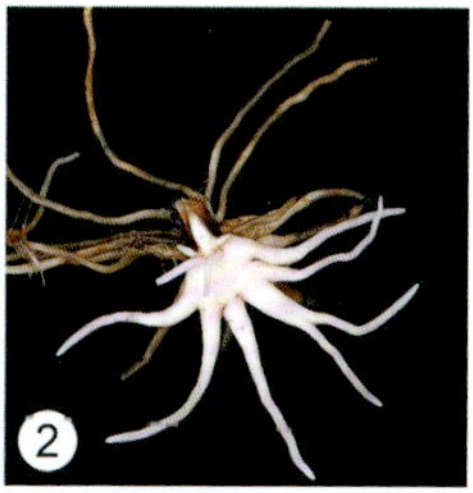

濒危种。多年生草本。具肉质肥厚块茎，掌状分裂。中部以下具 3~5 叶，下部 2 枚较大，椭圆状卵形或倒卵状匙形；上部叶渐小呈苞片状。状花序，长圆柱形，花密生；花粉红色；花瓣宽于萼片，边缘细齿状；瓣宽倒卵形或菱形，先端 3 裂；花距细长，弧形弯曲。①②

相近种　**绶草** ***Spiranthes sinensis*** (Pers.) Ames 花紫红色、粉红色或白色，在花轴螺旋状排生③。**角盘兰** ***Herminium monorchis*** (L.) R. Br. 花黄绿色，垂头，钩状④。

xiànjídòu

线棘豆

Oxytropis filiformis DC.

科属：豆科，棘豆属。

生境：山坡或山地林下。

花期：7~8 月。

多年生草本。羽状复叶，小叶 25~41 枚，长圆状披针形，先端渐或急尖，基部圆形。12~20 朵花组成稀疏总状花序；花葶长于叶；花小花萼钟状，萼齿三角状披针形，比萼筒短 1 倍；花冠天蓝色或蓝紫色旗瓣瓣片先端微凹、圆形至具小尖，翼瓣瓣柄线形，龙骨瓣具喙。①②

相近种　**黄毛棘豆** ***Oxytropis ochrantha*** Turcz. 花冠白色或淡黄色，翼瓣及龙瓣基部有耳和瓣柄，龙骨瓣具长喙③。**地角儿苗** ***Oxytropis bicolor*** Bunge 花冠紫色或蓝紫色，龙骨瓣具喙④。

dúgēncǎo

山苞草，小岩花 独根草

Oresitrophe rupifraga Bunge

科属：虎耳草科，独根草属。

生境：山谷、悬崖之阴湿石隙。

花期：5~9 月。

多年生草本。高达28厘米。根状茎粗壮。芽鳞棕褐色。叶均基生，2~3 枚；心形或卵形，先端短渐尖，具不规则牙齿，基部心形，下面和边缘具毛；叶柄长 11.5~13.5 厘米。花葶密被腺毛；多歧聚伞花序，具多花。片 5~7 枚，不等大，卵形或窄卵形，先端尖或短渐尖，全缘，具多脉，毛；雄蕊 10~14 枚；心皮 2 枚，基部合生，子房近上位。①②③④

hónghuālùtícǎo

红花鹿蹄草

Pyrola asarifolia
subsp. ***incarnata*** (DC.) Haber & Hir. Takah.

科属：杜鹃花科，鹿蹄草属。
生境：林下。
花期：6~7 月。

常绿匍匐小灌木。茎细长，红褐色。叶圆形至倒卵形，边缘中部以上具 1~3 对浅圆齿；叶柄极短。花芳香，着花小枝总花梗状；苞片狭小，条形花梗纤细；小苞片大小不等；萼筒近圆形，萼檐裂片狭尖，钻状披针形；花冠淡红色或白色，裂片卵圆形；雄蕊着生于花冠筒中部以下，花药黄色柱头伸出花冠外。果实近圆形，黄色，下垂。①②③

相近种　**鹿蹄草** ***Pyrola calliantha*** Andres 花冠白色，有时稍带淡红色，花腋间有长舌形苞片，萼片舌形，近全缘④。

línzélán

尖佩兰 # 林泽兰

Eupatorium lindleyanum DC.

科属：菊科，泽兰属。
生境：山谷阴处水湿地或草原上。
花期：5~12 月。

多年生草本。茎枝中下部红色或淡紫红色。中部茎生叶长椭圆状披针或线状披针形，不裂或 3 全裂，基部楔形，两面粗糙，边缘有犬齿。苞钟状，约 3 层，苞片绿色或紫红色，先端尖。花白色、粉红色或淡红色。瘦果黑褐色，椭圆状，冠毛白色。①②③④

chángbàntiěxiànlián

长瓣铁线莲 大瓣铁线莲

Clematis macropetala Ledeb.

科属：毛茛科，铁线莲属。

生境：荒山坡、草坡岩石缝中及林下。

花期：7 月。

木质藤本。二回三出复叶，小叶纸质，窄卵形至卵形，先端渐尖，部宽楔形或圆，具锯齿，不裂或 2~3 裂；具长柄。花单生，与叶同自枝腋芽生出，具长花梗；萼片 4 枚，蓝色或紫色，斜展，斜卵形；退雄蕊窄披针形，有时内层的线状匙形，与萼片近等长；花药窄长圆形或形，顶端钝。瘦果倒卵圆形；宿存花柱羽毛状。①②③

相近种　大叶铁线莲 *Clematis heracleifolia* DC. 花杂性，萼片 4 枚，蓝色或色，直立，窄长圆形或匙状长圆形④。

liǔlán

柳兰

Chamerion angustifolium (L.) Holub

科属：柳叶菜科，柳兰属。

生境：山区半开旷或开旷较湿润处。

花期：6~9 月。

多年生丛生草本。茎不分枝或上部分枝，圆柱状。叶螺旋状互生，稀基部对生，中上部的叶线状披针形或窄披针形，基部钝圆，无柄。花序状；苞片下部的叶状。花萼片紫红色，长圆状披针形；花瓣粉红色或紫色，稀白色，稍不等大，上面 2 枚较长大，倒卵形或窄倒卵形，全缘先端具浅凹缺；花药长圆形；花柱开放时强烈反折，花后直立，柱头 4 裂。①②③④

zhūgěcài

诸葛菜 二月蓝

Orychophragmus violaceus

(L.) O. E. Schulz

科属：十字花科，诸葛菜属。

生境：在平原、山地、路旁或地边。

花期：3~5 月。

一年生或二年生草本。茎直立，单一或上部分枝。基生叶心形，锯不整齐；下部茎生叶大头羽状深裂或全裂，顶裂片卵形或三角状卵形全缘或具不规则齿，基部心形，有不规则钝齿，侧裂片 2~6 对，斜卵形卵状心形或三角形，全缘或有齿；上部叶长圆形或窄卵形，基部耳状抱茎锯齿不整齐。花紫色或白色；萼片紫色；花瓣宽倒卵形，基部具爪。长果线形，具 4 棱。种子卵圆形或长圆形，黑棕色，有纵条纹。①②③④

zǐdīngxiāng

紫丁香

华北紫丁香

Syringa oblata Lindl.

科属：木犀科，丁香属。

生境：丛林、溪边、路旁及滩地水边。

花期：4~5 月。

灌木或小乔木。叶革质或厚纸质，卵圆形或肾形，先端短凸尖或长渐，基部心形至宽楔形；具叶柄。圆锥花序直立，由侧芽抽生。花冠紫色，冠筒圆柱形，裂片直角开展；花药黄色。果卵圆形或长椭圆形，顶端长尖，开裂。①②

相近种 **巧玲花** ***Syringa pubescens*** Turcz. 花冠紫色或淡紫色，后近白色，花筒近圆柱形，裂开开展或反折③。**红丁香** ***Syringa villosa*** Vahl 花冠淡紫红色或色，花冠筒细，近圆柱形，裂片直角外展④。

gǒuqǐ

枸杞 狗奶子，狗牙子

Lycium chinense Mill.

科属：茄科，枸杞属。

生境：山坡、荒地、丘陵地或盐碱地等处。

花期：5~9 月。

多分枝灌木。枝条细弱，弯曲或俯垂，淡灰色，具纵纹，小枝顶端[illegible]棘刺状，短枝顶端棘刺长达 2 厘米。叶卵形、卵状菱形、长椭圆形或[illegible]状披针形，先端尖，基部楔形。花在长枝 1~2 朵腋生，花萼常 3 中裂[illegible]4~5 齿裂，具缘毛；花冠漏斗状，淡紫色，冠筒向上骤宽，较冠檐裂片[illegible]短或近等长，5 深裂，裂片卵形，平展或稍反曲，具缘毛，基部耳片显著[illegible]雄蕊稍短于花冠。浆果卵圆形，红色，栽培类型长圆形或长椭圆形。种[illegible]扁肾形，黄色。①②③④

huáběilóudǒucài

五铃花，紫霞耧斗 **华北耧斗菜**

Aquilegia yabeana Kitag.

科属：毛茛科，耧斗菜属。

生境：山地草坡或林边。

花期：5~6月。

多年生草本。基生叶数个，有长柄，为一或二回三出复叶；小叶菱状卵形或宽菱形，3裂，边缘有圆齿。茎中部叶有稍长柄，通常为二回三复叶；上部叶小，有短柄。花序有少数花；苞片3裂或不裂，狭长圆形；下垂；萼片紫色，狭卵形；花瓣紫色，瓣片顶端圆截形，具末端钩状内的距。①②

相近种　**耧斗菜** ***Aquilegia viridiflora*** Pall. 花黄绿色，距直或稍弯③。**紫花耧菜** ***Aquilegia viridiflora*** var. ***atropurpurea*** (Willd.) Trevir. 萼片及花瓣均暗紫色④。

mángniúrmiáo

牻牛儿苗 太阳花

Erodium stephanianum Willd.

科属：牻牛儿苗科，牻牛儿苗属。

生境：干山坡、沙质河滩地和草原凹地等。

花期：6~8 月。

多年生草本。叶对生；基生叶和茎下部叶具长柄，柄长为叶片的 1.5
倍；叶片轮廓卵形或三角状卵形，基部心形，二回羽状深裂，小裂片
状条形，全缘或具疏齿。伞形花序腋生，明显长于叶，每梗具 2~5 朵花
苞片狭披针形，分离；花梗与总花梗相似，等于或稍长于花，花期直立
果期开展，上部向上弯曲；萼片矩圆状卵形，先端具长芒，花瓣紫红色
倒卵形，等于或稍长于萼片，先端圆形或微凹；雄蕊稍长于萼片，花丝紫色
花柱紫红色。①②③④

qínjiāo

秦艽

大叶龙胆，萝卜艽

Gentiana macrophylla Pall.

科属：龙胆科，龙胆属。

生境：河滩、水沟边、草地或林地。

花期：7~10月。

多年生草本。莲座丛叶卵状椭圆形或窄椭圆形，叶柄宽；茎生叶椭圆
状披针形或窄椭圆形，具长柄至近无柄。花簇生枝顶或轮状腋生。萼筒黄
绿色或带紫色，一侧开裂，先端平截或圆，萼齿4~5枚；花冠筒黄绿色，
冠檐蓝色或蓝紫色，壶形，裂片卵形或卵圆形，三角形，平截。①②

相近种　达乌里秦艽 ***Gentiana dahurica*** Fisch. 聚伞花序顶生或腋生，花冠深
蓝色，有时喉部具黄色斑点③。**鳞叶龙胆** ***Gentiana squarrosa*** Ledeb. 花冠蓝色，筒
状漏斗形，裂片卵状三角形④。

shízhú

石竹

Dianthus chinensis L.

科属：石竹科，石竹属。

生境：草原和山坡草地。

花期：5~6 月。

多年生草本。节部膨大。叶披针形或线状披针形。花单朵顶生或 2~朵簇生，花梗长，集成聚伞状花序；萼下苞 2~3 对，长约为萼筒的一或达萼齿基部；萼圆筒形，有时带紫色，萼齿直立，披针形，边缘膜质，先端凸尖；瓣片通常红紫色或粉紫色，广椭圆状倒卵形至菱状广倒卵形，基部楔形，上缘具齿。①②③

相近种　瞿麦 ***Dianthus superbus*** L. 花瓣淡红色或带紫色，稀白色，爪内藏，瓣片宽倒卵形，边缘细裂至中部或中部以上④。

yínghóngdùjuān

迎红杜鹃

Rhododendron mucronulatum Turcz.

科属：杜鹃花科，杜鹃属。
生境：山地灌丛。
花期：4~6月。

灌木。多分枝；花芽椭圆形。叶厚纸质，互生，狭椭圆形至椭圆形，椭圆状披针形，先端锐尖至短渐尖，基部楔形；叶柄短。花 1~3 朵着在前一年枝的顶端，多先叶开放，稀与叶近同时开放；花萼短，裂片 5 枚；冠宽漏斗状，淡紫红色；雄蕊 10 枚，不等长，花药长圆形；花柱比花丝、冠长。蒴果短圆柱形，暗褐色。①②③

相近种　照山白 ***Rhododendron micranthum*** Turcz. 花萼 5 深裂，花冠钟状，乳色，冠筒较裂片稍短④。

báihuāmǎlìn

白花马蔺

Iris lactea Pall.

科属：鸢尾科，鸢尾属。

生境：荒地、路旁、山坡草地。

花期：4~6 月。

多年生密丛草本。根状茎非块状，外包有不等长老叶残留叶鞘及毛发状的纤维。叶基生，坚韧，灰绿色，条形或狭剑形，基部鞘状，带红紫色。花茎光滑；苞片 3~5 枚，草质，绿色，边缘白色，披针形，内包含有 2~4 朵花；外部花被片浅紫色，或乳白色具紫色脉；内部裂片浅紫色；花药黄色，花丝白色。①②③

相近种　野鸢尾 ***Iris dichotoma*** Pall. 花蓝紫色或淡蓝色，外花被裂片宽倒披针形，有棕褐色斑纹，内花被裂片窄倒卵形④。

báitóuwēng

白头翁

大碗花，羊胡子花

Pulsatilla chinensis (Bunge) Regel

科属：毛茛科，白头翁属。

生境：草丛、林边或干旱多石的坡地。

花期：4~5 月。

多年生草本。基生叶多数，三出；叶片宽卵形，3 全裂，中央裂片通常具柄，3 深裂，侧生裂片较小，不等 3 裂；叶柄较长。花葶 1~2 枝；总苞管状，裂片条形；花梗较长；萼片 6 枚，排成 2 轮，蓝紫色，披针形或卵状披针形；无花瓣；雄蕊多数；心皮多数；瘦果密集呈圆形，宿存花柱羽毛状。①②③

相近种 **细叶白头翁** ***Pulsatilla turczaninovii*** Krylov & Serg. 花直立，萼片蓝紫色，卵状长圆形或椭圆形④。

yuānwěi

鸢尾 扁竹花，蓝蝴蝶

Iris tectorum Maxim.

科属：鸢尾科，鸢尾属。

生境：向阳坡地、林缘及水边湿地。

花期：4~5 月。

多年生草本。叶基生，黄绿色，宽剑形。花茎顶部常有 1~2 条侧枝；苞片 2~3 枚，绿色，草质，披针形，包 1~2 朵花。花蓝紫色；花被筒细长上端喇叭形；外花被裂片圆形或圆卵形，有紫褐色花斑，中脉有白色鸡冠状附属物，内花被裂片椭圆形，爪部细；花药鲜黄色；花柱分枝扁平，淡蓝色，顶端裂片四方形。①②③

相近种 **西伯利亚鸢尾** ***Iris sibirica*** L. 花蓝紫色，外花被裂片倒卵形，上部反折下垂，爪部宽楔形，中央下陷呈沟状，有褐色网纹及黄色斑纹④。

zǐbāoyuānwěi

紫苞鸢尾

Iris ruthenica Ker Gawl.

科属：鸢尾科，鸢尾属。
生境：向阳沙质地或山坡草地。
花期：5~6月。

多年生草本。叶条形，灰绿色，顶端长渐尖，基部鞘状。花茎纤细，
§短于叶，有 2~3 枚茎生叶；苞片 2 枚，膜质，绿色，边缘带红紫色，
针形或宽披针形，内包含有 1 朵花；花蓝紫色；具花梗；外花被裂片
披针形，有白色及深紫色的斑纹，内花被裂片直立，狭倒披针形；花药
白色；花柱分枝扁平，顶端裂片狭三角形，子房狭纺锤形。蒴果圆形或
圆形。①②③

相近种　细叶鸢尾 *Iris tenuifolia* Pall. 花蓝紫色，外花被裂片匙形④。

lánpénhuā

蓝盆花 山萝卜

Scabiosa comosa Fisch. ex Roem. & Schult.

科属：川续断科，蓝盆花属。

生境：山坡草地或荒坡上。

花期：7~8 月。

多年生草本。茎自基部分枝。根粗壮，木质。基生叶簇生，叶片卵披针形至椭圆形，先端急尖或钝，偶成深裂，基部楔形；叶柄较长；茎叶对生，羽状深裂至全裂。头状花序在茎上部成三出聚伞状，具长总花梗花时扁圆形；总苞片 10~14 枚，披针形；花托苞片披针形；萼 5 裂，刚毛状基部五角星状，棕褐色；边花花冠二唇形，蓝紫色，筒部裂片 5 枚，等大；中央花筒状；雄蕊 4 枚，花开时伸出花冠筒外，花药长圆形，紫色花柱细长，伸出花外。①②③④

zǐbāoxuělián

紫苞风毛菊 紫苞雪莲

Saussurea iodostegia Hance

科属：菊科，风毛菊属。
生境：草地、草甸、林缘或盐沼泽。
花期：7~9月。

多年生草本。茎生叶披针形或宽披针形，无柄，基部半抱茎；最上叶呈苞叶状，紫色，包被总花序。头状花序密集成伞房状总花序；总苞宽钟状，总苞片 4 层，全部或上部边缘紫色。小花紫色。冠毛淡褐色，2 层。①②

相近种 **篦苞风毛菊** ***Saussurea pectinata*** Bunge ex DC. 小花紫色，总苞片边缘有栉齿③。**蒙古风毛菊** ***Saussurea mongolica*** (Franch.) Franch. 头状花序在茎枝顶端排成伞房或伞房圆锥花序，全部总苞片顶端有马刀形的附属物，小花紫红色④。

cìrcài

刺儿菜 大刺儿菜，小蓟

Cirsium arvense
var. *integrifolium* Wimm. & Grab.

科属：菊科，蓟属。
生境：山坡、河旁或荒地、田间。
花期：5~9 月。

1

2

3

4

多年生草本。基生叶和中部茎生叶椭圆形至椭圆状倒披针形，基部楔形；上部叶渐小，椭圆形至线状披针形；茎生叶均不裂或羽状浅裂或半裂，叶缘有细密针刺。头状花序单生茎端或排成伞房花序；总苞卵圆形或长卵形，总苞片约 6 层，覆瓦状排列。小花紫红色或白色，雌花管部细丝状，长于两性花花冠。冠毛污白色。①②

相近种 **蓟** ***Cirsium japonicum*** DC. 雌雄同株，全部小花两性③。**魁蓟** ***Cirsium leo*** Nakai & Kitag. 全部总苞片等长或近等长，边缘具针刺④。

fēngmáojú

风毛菊

Saussurea japonica (Thunb.) DC.

科属：菊科，风毛菊属。
生境：山地、林下、荒坡或水旁等处。
花期：6~11 月。

1

2

3

4

二年生草本。基生叶与下部茎生叶椭圆形或披针形，羽状深裂，裂片椭圆形至线形，裂片全缘，叶柄有窄翼；中部叶有短柄，上部叶浅羽裂不裂，无柄。头状花序排成伞房状或伞房圆锥花序；总苞窄钟状或圆形，6 层。小花紫色。瘦果圆柱形，深褐色；冠毛白色，外层糙毛状。②

相近种　**苍术** ***Atractylodes lancea*** (Thunb.) DC. 小花白色③。**草地风毛菊** ***ussurea amara*** (L.) DC. 小花淡紫色④。

lòulú

漏芦 郎头花，祁州漏芦

Rhaponticum uniflorum (L.) DC.

科属：菊科，漏芦属。

生境：山坡丘陵地、松林下或桦木林下。

花期：6~7 月。

多年生草本。茎簇生或单生，灰白色。基生叶及下部茎生叶椭圆形长椭圆形、倒披针形，羽状深裂，侧裂片 5~12 对，椭圆形或倒披针形有锯齿或二回羽状分裂，具长柄；中上部叶渐小，与基生叶及下部叶同并等样分裂，有短柄；叶柔软，两面灰白色。头状花序单生茎顶；总苞圆形，总苞片约 9 层，先端有膜质宽卵形附属物，浅褐色。小花均两性管状，花冠紫红色。瘦果楔状；冠毛褐色，多层，向内层渐长，糙毛状

①②③④

máhuātóu

麻花头

Klasea centauroides (L.) Cass. ex Kitag.

科属：菊科，麻花头属。

生境：林缘、草原或草甸等处。

花期：6~9月。

多年生草本。由基生叶至上部茎生叶，叶长椭圆形，羽状深裂渐至全裂，柄渐短至无。头状花序单生茎枝顶端；总苞卵圆形或长卵圆形。小花红、红紫色或白色。瘦果楔状长椭圆形，褐色；冠毛褐色或略带土红色，毛状。①②

相近种 **泥胡菜** ***Hemisteptia lyrata*** (Bunge) Fisch. & C. A. Mey. 小花两性，管状，冠红色或紫色③。**伪泥胡菜** ***Serratula coronata*** L. 小花均紫色，边花雌性，中央花两性，有发育雌蕊和雄蕊④。

niúbàng

牛蒡 大力子，恶实

Arctium lappa L.

科属：菊科，牛蒡属。

生境：山地、林下、河边潮湿地等处。

花期：6~9月。

二年生草本。基生叶宽卵形，基部心形；茎生叶与基生叶近同形。状花序排成伞房或圆锥状伞房花序，花序梗粗；总苞卵形或卵圆形，总片多层，绿色，近等长，先端有软骨质钩刺。小花紫红色，花冠外面无点。瘦果倒长卵圆形或偏斜倒长卵圆形，浅褐色，有深褐色斑或无色斑冠毛多层，浅褐色，冠毛刚毛糙毛状，不等长。①②③

相近种　飞廉 ***Carduus nutans*** L. 小花紫色④。

gǒuwáhuā

狗娃花

Aster hispidus Thunb.

科属：菊科，紫菀属。

生境：荒地、路旁、林缘及草地。

花期：7~9 月。

一年生或二年生草本。基部及下部叶花期枯萎，中部叶长圆状披针形
线形，常全缘，上部叶条形；叶质薄。头状花序单生枝端，排成伞房状；
苞半圆形；舌状花舌片浅红色或白色，线状长圆形。舌状花冠毛极短，
色或部分带红色；管状花冠毛糙毛状，白色带红色，与花冠近等长。
②

相近种　**阿尔泰狗娃花** ***Aster altaicus*** Willd. 舌状花 15~20 朵，浅蓝紫色，长
状线形③。**翠菊** ***Callistephus chinensis*** (L.) Nees 舌状花雌性，黄色、淡红色至淡
紫色④。

běiyěwāndòu

北野豌豆

Vicia ramuliflora (Maxim.) Ohwi

科属：豆科，野豌豆属。

生境：亚高山草甸，林缘草地等处。

花期：6~9 月。

多年生草本。偶数羽状复叶，叶轴顶端卷须短缩为短尖头。小叶通
2~4 对，长卵圆形或长卵圆披针形，全缘，纸质。总状花序腋生，具分枝
花萼斜钟状，萼齿三角形；花 4~9 朵，花冠蓝色至玫瑰色，稀白色；
瓣长圆形或长倒卵形，先端圆微凹，中部缢缩，基部宽楔形，旗瓣、龙
瓣与翼瓣近等长。①②

相近种　**广布野豌豆** ***Vicia cracca*** L. 花密集，紫色、蓝紫色或紫红色③。
头菜 ***Vicia unijuga*** A. Braun 叶互生，小叶一对，花冠蓝紫色、紫红色或淡蓝色④。

zǎokāijǐncài

光瓣堇菜 # 早开堇菜

Viola prionantha Bunge

科属：堇菜科，堇菜属。
生境：山坡草地、溪边、屋旁。
花期：4月上中旬至9月。

多年生草本。叶基生，叶片长圆状卵形或卵形；初出叶较小，果期叶著增大；叶基部钝圆形，叶缘具钝锯齿；托叶基部和叶柄合生，叶柄上具翅；花梗超出叶，小苞片2枚，生花梗中部；萼片5枚，基部有附属物，小齿；花瓣5枚；花柱基部微曲。蒴果椭圆形，3瓣裂。①②③

相近种　**斑叶堇菜** ***Viola variegata*** Fisch. ex Link 叶心形，延脉有白色斑纹，花紫色或暗紫色，下部通常色较淡④。

dàhuāsháolán

大花杓兰

Cypripedium macranthos Sw.

科属：兰科，杓兰属。

生境：林下、林缘或草坡。

花期：6~7 月。

濒危种。多年生草本。叶通常 5 枚，长椭圆形至宽椭圆形，全缘，部渐狭成鞘状抱茎。花苞片下部者叶状，但明显小于下部叶片；花顶生紫色，常 1 朵，偶有 2 朵者；中萼片宽卵形；合萼片比中萼片短与狭先端二齿状裂；花瓣卵状披针形；唇瓣卵圆形，内折侧裂片舌状三角形退化雄蕊矩圆状卵形；花药扁圆形。子房弧曲。①②③

相近种　**紫点杓兰** *Cypripedium guttatum* Sw. 花单生茎顶，白色，带紫色斑点④

máopāotóng

毛泡桐

Paulownia tomentosa (Thunb.) Steud.

科属：玄参科，泡桐属。
生境：山地。
花期：4~5 月。

乔木。叶心形，先端锐尖，基部心形，全缘或波状浅裂。花序枝的侧枝不发达，花序为金字塔形或窄圆锥形；小聚伞花序的总花梗几与花梗等长，具 3~5 朵花。花萼浅钟形，分裂至中部或裂过中部，萼齿卵状长圆形，在花期锐尖或稍钝至果期钝头；花冠紫色，漏斗状钟形，檐部二唇形；子房卵圆形，花柱短于雄蕊。蒴果卵圆形，宿萼不反卷。①②③

相近种　白花泡桐 ***Paulownia fortunei*** (Seem.) Hemsl. 花冠管状漏斗形，白色仅背面稍带紫色或浅紫色④。

bǎilǐxiāng

百里香 地椒叶，地角花

Thymus mongolicus (Ronniger) Ronniger

科属：唇形科，百里香属。

生境：多石山地、斜坡、山谷、杂草丛中。

花期：7~8 月。

半灌木。茎多数，匍匐至上升。营养枝被短柔毛；花枝长达 10 厘米，上部密被倒向或稍平展柔毛，下部毛稀疏，具 2~4 对叶。叶卵形，先端钝或稍尖，基部楔形，全缘或疏生细齿，被腺点。花序头状。花萼管状钟形或窄钟形，上唇齿长不及唇片 1/3，三角形，下唇较上唇长或近等长；花冠紫红色、紫色或粉红色，冠筒长 4~5 毫米，向上稍增大。小坚果近圆形或卵圆形，稍扁。①②③④

bìngtóuhuángqín

山麻子，头巾草 # 并头黄芩

Scutellaria scordifolia Fisch. ex Schrank

科属：唇形科，黄芩属。

生境：草地或湿草甸。

花期：6~8月。

多年生草本。茎带淡紫色。叶三角状卵形或披针形，先端钝尖，基部心形或近平截，具浅锐牙齿，稀具少数微波状齿或全缘。总状花序不分，顶生，偏向一侧；小苞片针状。花萼被短柔毛及缘毛，盾片高约1毫米；冠蓝紫色，冠筒浅囊状膝曲，喉部径达6.5毫米，下唇中裂片圆卵形，裂片卵形，先端微缺。小坚果黑色，椭圆形，被瘤点，腹面近基部具脐突起。①②③④

tōngquáncǎo

通泉草

Mazus pumilus (Burm. f.) Steenis

科属：玄参科，通泉草属。

生境：湿润的草坡、沟边、路旁及林缘。

花期：4~10 月。

一年生草本。基生叶有时成莲座状或早落，倒卵状匙形至卵状倒披针形，茎生叶对生或互生，少数，与基生叶相似或几乎等大。总状花序生于茎、枝顶端，常在近基部即生花，伸长或上部成束状，花疏稀；花冠白色、紫色或蓝色，上唇裂片卵状三角形，下唇中裂片较小，稍突出，倒卵圆形。蒴果圆形。①②③

相近种　**弹刀子菜** ***Mazus stachydifolius*** (Turcz.) Maxim. 花萼漏斗状，花冠蓝色，花冠筒与唇部近等长，子房被毛④。

báixiān

金雀儿椒，山牡丹 **白鲜**

Dictamnus dasycarpus Turcz.

科属：芸香科，白鲜属。

生境：土坡、灌丛、草地或疏林下。

花期：5月。

多年生草本。全株有强烈香气；根肉质粗长，淡黄白色。茎直立，基部木质。奇数羽状复叶互生，小叶 9~13 枚，纸质，椭圆形至长圆状披针形，先端渐尖，基部楔形，无柄，具细锯齿。总状花序顶生，花梗基部有条形苞片 1 枚；花大，淡紫色或白色；萼片 5 枚，宿存，下面一片下倾并稍大；雄蕊 10 枚，伸出于花瓣外。蒴果 5 室，成熟时 5 裂，裂瓣顶端具尖喙，密被黑色腺点及白色柔毛。①②③④

dìdīngcǎo

地丁草 苦丁，紫堇

Corydalis bungeana Turcz.

科属：罂粟科，紫堇属。

生境：多石坡地或河水泛滥地段。

花期：4~6月。

二年生灰绿色草本。叶二至三回羽状全裂。总状花序多花，先密集，后疏离，果期伸长；花粉红色至淡紫色，平展。外花瓣顶端多少下凹，具浅鸡冠状突起，边缘具齿；距稍向上斜伸，末端多少囊状膨大；下花瓣稍向前伸出。内花瓣顶端深紫色。蒴果椭圆形，下垂。①②

相近种 **小药八旦子** *Corydalis caudata* (Lam.) Pers. 具块茎，总状花序花少，果宽卵圆形③。**北京延胡索** *Corydalis gamosepala* Maxim. 总状花序具 8~20 朵花，花冠桃红色或紫红色，果线形④。

héběijiǎbàochūn

河北假报春

Cortusa matthioli

subsp. *pekinensis* (A. G. Richt.) Kitag.

科属：报春花科，假报春属。

生境：溪边、林缘和灌丛中。

花期：6月。

多年生草本。叶片轮廓肾状圆形或近圆形，掌状 7~11 裂，裂深达叶片的 1/3 或达近中部，裂片通常长圆形，边缘有不规整的粗牙齿，顶端 3 齿较深，常呈 3 浅裂状。伞形花序 5~8 朵花；苞片狭楔形，顶端有缺刻状深齿；花梗纤细，不等长；花萼分裂略超过中部，裂片披针形，锐尖；花冠漏斗状钟形，紫红色，长 8~10 厘米，分裂略超过中部，裂片长圆形，先端钝；雄蕊着生于花冠基部，花药纵裂，先端具小尖头；花柱伸出花冠外。蒴果圆筒形，长于宿存花萼。①②③④

hùyèzuìyúcǎo

互叶醉鱼草 白积梢，泽当醉鱼草

Buddleja alternifolia Maxim.

科属：马钱科，醉鱼草属。

生境：灌丛或河滩边。

花期：5~7 月。

灌木。叶在长枝互生，在短枝簇生。长枝叶披针形或线状披针形，
缘或具波状齿；具短柄；短枝叶或花枝叶椭圆形或倒卵形，全缘兼具波
齿。花多朵组成簇生或圆锥状聚伞花序，花序梗短，基部常具少数小叶。
花芳香；花萼钟状；花冠紫蓝色，筒状；雄蕊着生花冠筒中部。①②③

相近种 **大叶醉鱼草** ***Buddleja davidii*** Franch. 总状或圆锥状聚伞花序顶生，
萼钟状，花冠淡紫色、黄白至白色，喉部橙黄色，芳香，裂片全缘或具不整
锯齿④。

lílú
藜芦

黑藜芦，山葱

Veratrum nigrum L.

科属：百合科，藜芦属。

生境：山坡林下或草丛中。

花期：7~9 月。

多年生草本。植株通常粗壮，基部的鞘枯死后残留物为黑色纤维网。
椭圆形、宽卵状椭圆形或卵状披针形，大小常有较大变化，先端锐尖，
柄或茎上部的叶具短柄。圆锥花序密生黑紫色花；侧生总状花序近直立
展，通常具雄花；顶生总状花序常较长，几乎全部着生两性花；小苞片
针形；生于侧生花序上的花梗长约 5 毫米，约等长于小苞片，花被片
展或在两性花中稍反折，长圆形，先端圆，基部稍收窄，全缘；雄蕊长
花被片的 1/2。蒴果直立。①②③④

měnggǔhāo

蒙古蒿

Artemisia mongolica (Fisch. ex Besser) Nakai

科属：菊科，蒿属。

生境：山坡、灌丛、河湖岸边或森林草原。

花期：8~10 月。

多年生草本。下部叶卵形或宽卵形，二回羽状全裂或深裂；中上部卵形至椭圆状卵形，一至二回羽状分裂，小裂片狭，叶基部渐窄成短柄近无柄。头状花序多数，椭圆形，排成穗状花序，在茎上组成窄或中等展圆锥花序；雌花 5~10 朵；两性花 8~15 朵，檐部紫红色。①②

相近种 **艾** ***Artemisia argyi*** H. Lév. & Vaniot 头状花序椭圆形，排成穗状花序复穗状花序③。**黄花蒿** ***Artemisia annua*** L. 头状花序在分枝上排成总状或复总花序④。

mùxiāngrú

山菁，野荆芥 **木香薷**

Elsholtzia stauntonii Benth.

科属：唇形科，香薷属。
生境：谷地溪边或河川沿岸草坡及石山上。
花期：7~10月。

直立亚灌木。叶披针形或椭圆状披针形，先端渐尖，基部楔形，具锯状圆齿；叶柄带紫色。轮伞花序组成穗状花序偏向一侧；苞片披针形或状披针形，带紫色。花萼管状钟形，萼齿卵状披针形，近等大；花冠淡紫色，冠筒漏斗形，上唇先端微缺，下唇中裂片近圆形，侧裂片近卵形；对雄蕊较长。①②

相近种 香薷 ***Elsholtzia ciliata*** (Thunb.) Hyl. 苞片扇形至阔卵形③。**藿香** ***astache rugosa*** (Fisch. & C. A. Mey.) Kuntze 花药非球形，后对雄蕊较长④。

zhīmǔ

知母 穿地龙，兔子油草

Anemarrhena asphodeloides Bunge

科属：百合科，知母属。

生境：山坡、草地或路旁等处。

花期：6~9 月。

多年生草本。叶基生，禾叶状。先端渐尖近丝状，基部渐宽成鞘状花葶生于叶丛中或侧生，直立；花 2~3 朵簇生，排成总状花序；苞片小卵形或卵圆形，先端长渐尖。花粉红色、淡紫色或白色；花被片 6 枚基部稍合生，条形，宿存；雄蕊 3 枚，生于内花被片近中部，花丝短扁平，花药近基着，内向纵裂；子房 3 室，每室 2 胚珠，花柱与子房等长，柱头小。蒴果窄椭圆形，顶端有短喙，室背开裂。①②③④

dáwūlǐhuángqí

兴安黄耆 **达乌里黄耆**

Astragalus dahuricus (Pall.) DC.

科属：豆科，黄耆属。
生境：山坡和河滩草地。
花期：7~9 月。

一年生或二年生草本。羽状复叶，具小叶 11~19 枚；托叶分离，狭披针形或钻形；小叶长圆形至长圆状椭圆形，先端圆或略尖，基部钝或近楔形。总状花序较密，生 10~20 朵花；苞片线形或刚毛状。花萼斜钟状，萼齿线形或刚毛状，上边 2 枚齿较萼部短；花冠紫色，旗瓣近倒卵形，先端微缺，基部宽楔形，翼瓣瓣片弯长圆形，先端钝，基部耳向外伸，瓣柄短于龙骨瓣，龙骨瓣瓣片近倒卵形；子房具柄。荚果线形，先端凸尖喙状，直立，内弯，果颈短。①②③④

gāncǎo

甘草 国老，甜草，甜根子

Glycyrrhiza uralensis Fisch. ex DC.

科属：豆科，甘草属。
生境：沙地、河岸、草地及盐渍化土壤中。
花期：6~8 月。

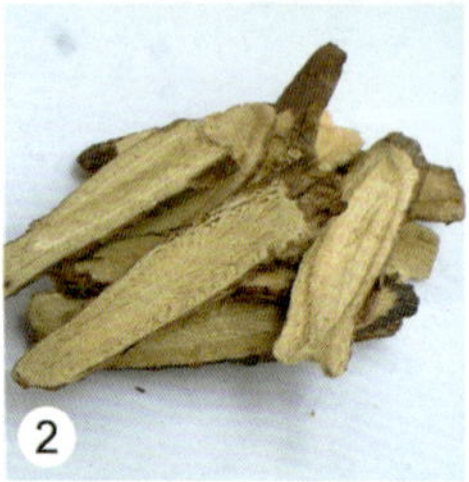

多年生草本。根与根状茎粗壮，外皮褐色，里面淡黄色。茎密被鳞状腺点、刺毛状腺体和柔毛。羽状复叶；叶柄密被褐色腺点和短柔毛；叶 5~17 枚，卵形、长卵形或近圆形，基部圆，先端钝，全缘或微呈波状总状花序腋生。花萼钟状，基部一侧膨大，萼齿 5 枚，上方 2 枚大部分连合花冠紫色、白色或黄色；子房密被刺毛状腺体。荚果线形，弯曲呈镰刀或环状，外面有瘤状突起和刺毛状腺体，密集成球状。种子圆形或肾形。
①②③④

liědāng

列当

独根草，兔子拐棍

Orobanche coerulescens Stephan

科属：列当科，列当属。

生境：沙丘、山坡及沟边草地上。

花期：4~7月。

1

2

3

4

二年生或多年生寄生草本。叶卵状披针形。穗状花序，苞片与叶同形，等大。花萼2深裂近基部，每裂片中裂；花冠深蓝色、蓝紫色或淡紫色，部在花丝着生处稍上方缢缩，上唇2浅裂，下唇3中裂，具不规则小圆齿。果卵状长圆形或圆柱形。①②③

相近种　**黄花列当** ***Orobanche pycnostachya*** Hance 花萼2深裂至基部，每裂片裂，不等长，花冠黄色，冠筒中部稍弯，上唇顶端2浅裂或微凹，下唇长于上唇，裂，边缘波状或具小齿④。

zǐsuìhuái

紫穗槐

Amorpha fruticosa L.

科属：豆科，紫穗槐属。

生境：贫瘠、水湿和轻度盐碱地。

花期：5~10月。

落叶灌木。奇数羽状复叶，托叶线形，脱落；小叶 11~25 枚，卵
或椭圆形，先端急尖至微凹，有短尖，基部宽楔形或圆。穗状花序顶生
生于枝条上部叶腋。花多数，密生；花萼钟状，萼齿 5 枚，三角形，
等长，长约为萼筒的 1/3；花冠紫色，旗瓣心形，先端裂至瓣片的 1/3，
基部具短瓣柄，无翼瓣和龙骨瓣；雄蕊 10 枚，花丝基部合生，与子房
包于旗瓣之中，成熟伸出花冠之外。①②③④

二色补血草

二色匙叶草

Limonium bicolor (Bunge) Kuntze

科属：白花丹科，补血草属。
生境：平原地区或山坡下部、丘陵和海滨。
花期：5月下旬~7月。

多年生草本。根皮不裂。叶大多基生，花期不落；叶柄宽，叶匙形或长圆状匙形，先端圆或钝，基部渐窄。花茎单生或2~5枝，花序轴及分枝具3~4棱角，有时具沟槽；花序圆锥状，不育枝少，位于花序下部或分叉处；穗状花序具3~5小穗，穗轴二棱形，小穗具2~3朵花。萼漏斗状，萼檐淡紫红色或白色，裂片先端圆；花冠黄色。①②③

相近种　补血草 ***Limonium sinense*** (Girard) Kuntze 萼漏斗状，萼檐白色，裂片先端钝④。

luòxīnfù

落新妇 红升麻，马尾参

Astilbe chinensis (Maxim.) Franch. & Sav.

科属：虎耳草科，落新妇属。
生境：山谷、溪边、林地、草甸等处。
花期：6~9月。

多年生草本。直立。基生叶二至三回三出复叶，小叶卵状长圆形至卵形，边缘具齿；茎生叶2~3枚，较小。圆锥花序顶生，较狭；苞片卵形，较花萼稍短；花萼5枚，深裂；花瓣5枚，紫色，条形；雄蕊10枚，花丝青紫色；花药紫色，成熟后呈米色；心皮2枚。蓇果。①②③④

cāosū

糙苏

白苍，小兰花烟

Phlomis umbrosa Turcz.

科属：唇形科，糙苏属。

生境：疏林下或草坡上。

花期：6~9月。

多年生草本。茎带紫红色，多分枝。叶圆卵形或卵状长圆形，先端尖
渐尖，基部浅心形或圆，具齿。轮伞花序多数，具4~8朵花，具花序梗；
叶卵形，具粗锯齿状牙齿，苞片线状钻形。花萼管形，萼齿具刺尖，齿
具2枚不明显小齿；花冠粉红色或紫红色，稀白色，下唇具红斑，唇
不整齐细牙齿，下唇3裂，裂片卵形或近圆形；雄蕊内藏。①②③

相近种　毛水苏 ***Stachys baicalensis*** Fisch. ex Benth. 花萼钟形，萼齿披针状三角
，花冠淡紫色或紫色④。

chuànlíngcǎo

串铃草 毛尖茶，野洋芋

Phlomis mongolica Turcz.

科属：唇形科，糙苏属。

生境：山坡草地上。

花期：5~9 月。

多年生草本。基生叶三角形或长卵形，先端钝，基部心形，具圆齿；茎生叶与基生叶同形，常较小；具叶柄。轮伞花序具多花；苞叶三角形或卵状披针形，具柄；苞片线状钻形，先端刺尖。花萼管形，萼齿圆，具刺尖；花冠紫色，中裂片宽倒卵形，侧裂片卵形，具不整齐圆齿；雄蕊内藏，花丝被毛，后对基部具反折短距状附属物。①②③④

luómó

萝藦

老鸹瓢，奶浆藤

Metaplexis japonica (Thunb.) Makino

科属：萝藦科，萝藦属。

生境：林边荒地、河边、路旁灌丛中。

花期：7~8 月。

多年生草质藤本；茎下部木质化。叶膜质，卵状心形。总状式聚伞花序腋生或腋外生，具长总花梗；花冠白色，有淡紫红色斑纹，近辐状，花冠筒短，花冠裂片披针形，张开，顶端反折；副花冠环状，着生于合蕊冠上，顶 5 裂，裂片兜状。蓇葖果双生，纺锤形。①②③④

xiécǎo

缬草 拔地麻，五里香

Valeriana officinalis L.

科属：败酱科，缬草属。

生境：山坡草地、林下、沟边。

花期：5~7 月。

多年生草本。根茎头状，须根簇生。匍枝叶、基出叶和基部叶花期常凋萎。茎生叶卵形或宽卵形，羽状深裂，裂片披针形或线形，基部下延，全缘或有疏锯齿。伞房状三出聚伞圆锥花序顶生，花冠淡紫红色或白色，裂片椭圆形；雌、雄蕊约与花冠等长。瘦果长卵圆形，基部近平截。①②③

相近种 **败酱** ***Patrinia scabiosifolia*** Link 聚伞花序组成伞房花序，具 5~7 分枝，花序梗上方一侧被开展白色粗糙毛；总苞片线形④。

bòhe

薄荷

见肿消，水薄荷

Mentha canadensis L.

科属：唇形科，薄荷属。
生境：水旁潮湿地。
花期：7~9 月。

多年生草本。茎锐四棱形，具四槽，多分枝。叶片长圆状披针形至卵状披针形，先端锐尖，基部楔形至近圆形，边缘在基部以上疏生粗齿。轮伞花序腋生，轮廓圆形；花梗纤细。花萼管状钟形，萼齿 5 枚，狭三角状钻形，先端长锐尖。花冠淡紫色，冠檐 4 裂，上裂片先端 2 裂，较大，其余 3 裂片近等大，长圆形，先端钝。雄蕊 4 枚，二强，均伸出于花冠之外。花柱略超出雄蕊，先端近相等 2 浅裂，裂片钻形。①②③④

máojiàncǎo

毛建草 毛尖，毛尖茶

Dracocephalum rupestre Hance

科属：唇形科，青兰属。

生境：高山草原、草坡或疏林下阳处。

花期：7~9 月。

多年生草本。茎带紫色，多数。基生叶多数，叶三角状卵形，先端钝基部心形，具圆齿；茎中部叶长 2.2~3.5 厘米，叶柄长 2~6 厘米。轮伞花序密集成头状，稀穗状；苞叶无柄或具鞘状短柄，苞片披针形或倒卵形，具 2~6 对长达 2 毫米的刺齿。花萼带紫色，上唇 2 深裂至基部，中齿倒卵状椭圆形，侧齿披针形，下唇 2 齿窄披针形；花冠紫蓝色。①②③④

yìmǔcǎo

红花艾，九重楼 **益母草**

Leonurus japonicus Houtt.

科属：唇形科，益母草属。
生境：山野荒地、旷野、草地等。
花期：6~9月。

一年生或二年生草本。叶轮廓变化很大，茎中下部叶轮廓为卵形，基部宽楔形，掌状3裂，裂片上再分裂；茎上部花序上的苞叶全缘或具稀齿。轮伞花序腋生，具8~15朵花，轮廓为圆球形。花萼管状钟形，齿5枚。花冠粉红色至淡紫红色，冠檐二唇形，下唇略短于上唇，3裂。雄蕊4枚，二强，均延伸至上唇片之下，平行。①②③

相近种　**细叶益母草** ***Leonurus sibiricus*** L. 上部苞叶近菱形，二回细裂，小裂片线形，小苞片刺状，反折，花冠白、粉红色或紫红色④。

biǎnlěi

扁蕾

Gentianopsis barbata (Froel.) Ma

科属：龙胆科，扁蕾属。

生境：水沟边、草地、灌丛或沙丘边缘。

花期：7~9 月。

一年生或二年生草本。茎单生，上部分枝，具棱。基生叶匙形或线 倒披针形，先端圆；茎生叶窄披针形或线形，先端渐尖。花单生茎枝顶端 花萼筒状，稍短于花冠，裂片边缘具白色膜质；花冠筒状漏斗形，冠筒 白色，冠檐蓝色或淡蓝色，裂片椭圆形，先端圆；子房具柄，窄椭圆形， 花柱短。蒴果具短柄，与花冠等长。①②③④

bānzhǒngcǎo

斑种草

Bothriospermum chinense Bunge

科属：紫草科，斑种草属。
生境：荒野路边、山坡草丛及竹林下。
花期：4~6 月。

一年生草本。基生叶匙形或倒披针形，先端钝，基部渐窄，下延至叶柄；茎生叶椭圆形或窄长圆形，较小，无柄或具短柄。聚伞总状花序；苞片卵形或窄卵形。花萼裂至近基部，裂片披针形；花冠淡蓝色，裂片近圆形，喉部附属物梯形，先端 2 深裂。①②

相近种　**狭苞斑种草** ***Bothriospermum kusnezowii*** Bunge 花冠钟状，淡蓝色或蓝紫色，裂片近圆形③。**柔弱斑种草** ***Bothriospermum zeylanicum*** (J. Jacq.) Druce 花序柔弱，细长，花冠蓝色或淡蓝色，裂片圆形④。

fùdìcài

附地菜 地胡椒

Trigonotis peduncularis

(Trevis.) Benth. ex Baker & S. Moore

科属：紫草科，附地菜属。

生境：草地、林缘、田间及荒地。

花期：4~7 月。

二年生草本。茎常多条，直立或斜升，下部分枝。叶卵状椭圆形或匙形至长圆形或椭圆形，叶柄长或具短柄。花序顶生，果期伸长。花冠淡蓝色或淡紫红色，冠筒极短，裂片倒卵形，开展，喉部附属物白色或带黄色。①②

相近种 **勿忘草** ***Myosotis alpestris*** F. W. Schmidt 花序在花后伸长，花冠蓝色，裂片 5 枚，近圆形③。**钝萼附地菜** ***Trigonotis peduncularis*** var. ***amblyosepala*** (Nakai ex Kitag.) W. T. Wang 花梗常弯向一侧，平伸，花冠蓝色，裂片宽倒卵形，开展④。

huārěn

电灯花，穴菜 花荵

Polemonium caeruleum L.

科属：花荵科，花荵属。

生境：草甸或草丛、林下或溪流附近。

花期：6~8 月。

多年生草本。根状茎横走。茎直立，不分枝。奇数羽状复叶，小叶5~21 枚，小叶无柄，叶片披针形或狭披针形，先端渐尖，基部近圆形，缘。顶生聚伞圆锥花序，具多花；花梗纤细；花萼筒形，具短腺毛，裂三角形；花冠宽钟形，蓝色，裂片圆形，长为花冠筒的 2 倍；雄蕊着于花冠筒上部，伸出，基部有须毛；花柱 1 个，柱头 3 裂，远伸出花之外。①②③④

jiégěng

桔梗 铃当花

Platycodon grandiflorus (Jacq.) A. DC.

科属：桔梗科，桔梗属。

生境：阳处草丛、灌丛中，少生于林下。

花期：7~9 月。

多年生草本。茎直立，不分枝。叶轮生、部分轮生至全部互生，卵形、卵状椭圆形或披针形。花单朵顶生，或数朵集成假总状花序，或有花序分枝而集成圆锥花序；花冠漏斗状钟形，蓝色或紫色，5 裂；雄蕊 5 枚，离生，花丝基部扩大成片状，且在扩大部分有毛；蒴果球状、球状倒圆锥形或倒卵圆形。①②③④

lèizhùhuā

肋柱花

加地侧蕊

Lomatogonium carinthiacum (Wulfen) Rchb.

科属：龙胆科，肋柱花属。
生境：山坡草地、草甸。
花期：8~10月。

一年生草本。基生叶早落，莲座状，叶匙形，基部窄缩成短柄；茎生叶披针形至卵状椭圆形，先端钝或尖，基部楔形，无柄。聚伞花序顶生。花5数；萼筒裂片卵状披针形或椭圆形，边缘微粗糙；花冠蓝色，裂片椭圆形或卵状椭圆形，先端尖，基部两侧各具1管形腺窝，下部浅囊状，上部具裂片状流苏；花药蓝色，长圆形。蒴果圆柱形。①②③

相近种 **北方獐牙菜** *Swertia diluta* (Turcz.) Benth. & Hook. f. 花5数，花萼绿色，裂片线形，花冠淡蓝色④。

qiānniú

牵牛 筋角拉子，勤娘子

Ipomoea nil (L.) Roth

科属：旋花科，番薯属。

生境：山坡灌丛、路边或为栽培。

花期：8~10月。

1

2

3

4

一年生缠绕草本。叶宽卵形或近圆形，3裂，偶5裂，基部圆，心形中裂片长圆形或卵圆形，渐尖或骤尖，侧裂片较短，三角形。花腋生，单一或通常2朵着生于花序梗顶；花冠漏斗状，蓝紫色或紫红色，花冠管色淡雄蕊及花柱内藏；蒴果近圆形，3瓣裂。①②③

相近种 **圆叶牵牛** ***Ipomoea purpurea*** (L.) Roth 花腋生，单生或成伞形聚伞花序萼片披针形，花冠漏斗状，紫红色、红色或白色，花冠管通常白色，瓣中带于内面色深，外面色淡④。

yěyàmá

野亚麻

Linum stelleroides Planch.

科属：亚麻科，亚麻属。
生境：山坡，路旁和荒山地。
花期：6~9月。

一年生或二年生草本。叶互生，线形至窄倒披针形，先端钝至渐尖，基部渐窄。单花或多花组成聚伞花序。萼片5枚，长椭圆形或宽卵形，先端尖，宿存；花瓣5枚，淡红色至蓝紫色，倒卵形，先端啮蚀状，基部渐窄，雄蕊5枚，与花柱等长。①②

相近种　**亚麻** ***Linum usitatissimum*** L. 花单生于枝顶或枝的上部叶腋，组成疏散的聚伞花序，蓝色或紫蓝色③。**宿根亚麻** ***Linum perenne*** L. 花多数，组成聚伞花序，淡蓝色至蓝紫色④。

mǎlán

马兰 鸡儿肠，马兰头

Aster indicus L.

科属：菊科，紫菀属。

生境：林缘、草丛、溪岸、路旁。

花期：5~9月。

多年生草本。根茎有匍枝。茎上部分枝。基生叶花期枯萎，茎生叶倒披针形或倒卵状长圆形，基部渐窄成具翅长柄，上部叶全缘，基部骤窄无柄。总苞半圆形，2~3层，花托圆锥形，舌状花1层，舌片浅紫色。瘦果倒卵状长圆形，极扁，熟时褐色，冠毛易脱落。①②

相近种 **全叶马兰** ***Aster pekinensis*** (Hance) F. H. Chen 头状花序单生枝端且排成疏伞房状，舌状花1层，20余朵，舌片淡紫色③。**蒙古马兰** ***Aster mongolicus*** Franch. 舌状花淡蓝紫色、淡蓝色或白色，管状花黄色④。

zǐwǎn

还魂草，山白菜 **紫菀**

Aster tataricus L. f.

科属：菊科，紫菀属。
生境：低山阴坡湿地、草地及沼泽地。
花期：7~9月。

多年生草本。叶疏生，厚纸质，叶椭圆状匙形，向上渐狭至长圆状披
叶形，下部叶基部渐窄成长柄，向上渐无柄，边缘具齿或全缘，上部叶窄小。
头状花序，多数在茎枝顶端排成复伞房状；总苞半圆形。舌状花约 20 朵，
舌片蓝紫色。瘦果紫褐色；冠毛污白色或带红色。①②

相近种 **三脉紫菀** ***Aster trinervius*** subsp. ***ageratoides*** (Turcz.) Grierson 舌状花紫色、
浅红色或白色；管状花黄色③。**高山紫菀** ***Aster alpinus*** L. 舌状花 35~40 朵，紫色、
蓝色或浅红色④。

lǘqīkǒu

驴欺口 蓝刺头

Echinops davuricus Fisch. ex Hornem.

科属：菊科，蓝刺头属。

生境：山坡草地及山坡疏林下。

花期：6~9 月。

多年生草本。根木质，茎直立。基生叶叶柄基部扩展抱茎；叶片长圆形，羽状深裂，裂片长卵形至长圆状披针形，羽状半裂或具锐齿状凹缺，边缘具睫毛状小刺；茎中部叶羽状深裂，无柄；茎上部叶渐小，无柄，披针形，羽状浅裂或为刺状缺刻。复头状花序生于茎顶或分枝顶端，蓝色；总苞外被刚毛，总苞片多层，覆瓦状排列；花冠管状，蓝色，先端 5 深裂，管部具腺点。瘦果圆柱形，冠毛冠状。①②③④

yāzhícǎo

鸭跖草

Commelina communis L.

科属：鸭跖草科，鸭跖草属。

生境：常见，生于湿地。

花期：5~9 月。

一年生披散草本。茎匍匐生根，多分枝。叶披针形或卵状披针形。聚伞花序单生于主茎或分枝的顶端。总苞片佛焰苞状，心状卵形，与叶对生，折叠。萼片白色，狭卵形；花瓣卵形，后方 2 枚较大，深蓝色，前方 1 枚较小，白色。蒴果椭圆形。①②③④

xuánshuòjùtái

旋蒴苣苔 牛耳草，石花子

Boea hygrometrica (Bunge) R. Br.

科属：苦苣苔科，旋蒴苣苔属。

生境：山坡路旁岩石上。

花期：7~8 月。

多年生无茎草本。叶基生，莲座状，近圆形、圆卵形或卵形，上面被白色贴伏长柔毛，下面被白色或淡褐色贴伏长绒毛，边缘具牙齿或波状浅齿。聚伞花序伞状，2~5 条，每花序具 2~5 朵花；花序梗被淡褐色短柔毛和腺状柔毛；花冠淡蓝紫色，上唇 2 裂，下唇 3 裂；退化雄蕊 3 枚。蒴果长圆形。①②③④

jīngtiáo

荆条

Vitex negundo

var. ***heterophylla*** (Franch.) Rehder

科属：马鞭草科，牡荆属。

生境：山坡路旁。

花期：6~7月。

灌木或小乔木。小枝四棱形。掌状复叶，小叶片边缘有缺刻状锯齿，浅裂以至深裂，背面密被灰白色绒毛。聚伞花序排成圆锥花序式，顶生，花序梗密生灰白色绒毛；花萼钟状，顶端有5枚裂齿；花冠淡紫色，顶端5裂，二唇形。核果近圆形，宿萼接近果实的长度。①②③④

cǎoběnwēilíngxiān

草本威灵仙 轮叶婆婆纳

Veronicastrum sibiricum (L.) Pennell

科属：玄参科，腹水草属。

生境：路边、山坡草地及山坡灌丛内。

花期：7~9 月。

多年生草本。叶 3~9 枚轮生，近无柄或具短柄；叶片广披针形、长圆状披针形或倒披针形，基部楔形，先端渐尖或锐尖，近革质，边缘具尖锯齿。花序顶生，多花集成长尾状穗状花序，单一或分歧，花无梗或近无梗，有时具短柄；苞片条形，顶端尖；花萼 5 深裂，裂片条形或线状披针形；花冠淡蓝紫色、红紫色、紫色、淡紫色、粉红色或白色，花冠比萼裂片长 2~3 倍，顶端 4 裂，裂片卵形，不等长；雄蕊 2 枚，外露。蒴果卵形或卵状椭圆形。①②③④

dàguǒliúlícǎo

大果琉璃草

Cynoglossum divaricatum Steph. ex Lehm.

科属：紫草科，琉璃草属。
生境：干山坡、草地、沙丘、石滩及路边。
花期：6~8月。

多年生草本。茎直立，稍具棱，上部分枝，枝开展，被糙伏毛。基生叶长圆状披针形或披针形，先端渐尖，基部渐窄；茎生叶线状披针形，无柄或具短柄。聚伞圆锥花序疏散。花萼裂片卵形或卵状披针形；花冠蓝紫色，冠檐径 4~5 毫米，裂至 1/3 处，裂片宽卵形，先端微凹，喉部附属物短梯形；雄蕊生于花冠筒中部以上。①②③

相近种　倒提壶 ***Cynoglossum amabile*** Stapf & J. R. Drumm. 花萼裂片卵形或长圆形；花冠常蓝色，裂片近圆形，喉部附属物梯形④。

duōqíshāshēn

多歧沙参

Adenophora potaninii

subsp. ***wawreana*** (Zahlbr.) S. Ge & D.Y. Hong

科属：桔梗科，沙参属。

生境：阴坡草丛或灌木林中。

花期：7~9 月。

多年生草本。基生叶心形；茎生叶卵形或卵状披针形，边缘具多枚整齐或不整齐尖锯齿。圆锥花序，稀假总状。萼筒倒卵圆形或倒卵状圆锥形裂片线形或钻形；花冠宽钟状，蓝紫色或淡紫色；花盘梯状或筒状；花柱伸出花冠。蒴果宽椭圆状。种子长圆状，有 1 条宽棱。①②

相近种　荠苨 ***Adenophora trachelioides*** Maxim. 圆锥花序，花冠钟状，蓝色、蓝紫色或白色③。**展枝沙参** ***Adenophora divaricata*** Franch. & Sav. 叶全部轮生，花序常为宽金字塔状，花序分枝轮生，花蓝色④。

lánèmáoyèxiāngchácài

蓝萼毛叶香茶菜

***Isodon japonicus* var. *glaucocalyx* (Maxim.) H. W. Li**

科属：唇形科，香茶菜属。
生境：山坡、路旁、林缘、林下及草丛中。
花期：7~8 月。

多年生草本。根茎木质。茎直立，钝四棱形，多分枝，分枝具花序。茎叶对生，卵形或阔卵形，顶齿卵形或披针形而渐尖，锯齿较钝，基部阔楔形，坚纸质；叶柄上部具翅。圆锥花序顶生，由聚伞花序组成。花萼开花时钟形，萼齿 5 枚，常带蓝色；花冠淡紫色、紫蓝色至蓝色，上唇具深色斑点，冠筒基部上方浅囊状，冠檐二唇形，上唇反折，先端具 4 圆裂，下唇阔卵圆形，内凹。成熟小坚果卵状三棱形，黄褐色。①②③④

shuǐmànjīng

水蔓菁

Pseudolysimachion linariifolium
subsp. ***dilatatum*** (Nakai & Kitag.) D. Y. Hong

科属：玄参科，穗花属。
生境：草甸、灌丛。
花期：7~10 月。

多年生草本。根状茎短。茎直立，单生，少 2 支丛生，常不分枝。
几乎完全对生，至少茎下部的对生，叶片宽条形至卵圆形，下端全缘而
上端边缘有三角状锯齿，极少整片叶全缘的。总状花序单支或数支复出，
长穗状；花梗极短；花冠蓝色、紫色，少白色，筒部约为花冠 1/3，后
裂片卵圆形，其余 3 枚卵形；花丝伸出花冠。蒴果。①②③

相近种 白兔儿尾苗 ***Pseudolysimachion incanum*** (L.) Holub 花序长穗状，花
蓝色、蓝紫色或白色，裂片常反折，雄蕊略伸出④。

cuìquè

翠雀

鸽子花，鸡爪连图

Delphinium grandiflorum L.

科属：毛茛科，翠雀属。

生境：山地草坡或丘陵沙地。

花期：5~10月。

多年生草本。基生叶与茎下部叶具长柄，叶片圆五角形，3 深裂，中央裂片全裂。总状花序，花 3~15 朵，下部苞片叶状，上部苞片条形，小苞片生花梗中上部。萼片 5 枚，蓝紫色，椭圆形；距钻形，直或末端稍下弯；花瓣蓝色，顶端圆形；退化雄蕊蓝色，瓣片广椭圆形，先端微凹下；雄蕊多数；心皮 3 枚，直立。①②③④

huáběiwūtóu

华北乌头

Aconitum jeholense
var. ***angustius*** (W. T. Wang) Y. Z. Zhao

科属：毛茛科，乌头属。
生境：山地。
花期：8 月。

多年生草本。块根 2 个；叶分裂程度较大，末回小裂片线形或狭线形；种子只沿棱有翅。总状花序具 15~30 朵花。萼片紫蓝色，上萼片盔形，侧萼片略短于上萼片，下萼片狭椭圆形；花瓣瓣片大，距向后弯曲。①②

相近种　**乌头** ***Aconitum carmichaelii*** Debeaux 总状花序顶生，萼片蓝紫色；花瓣无毛，唇微凹，距通常拳卷③。**北乌头** ***Aconitum kusnezoffii*** Rchb. 顶生总状花序常与腋生花序形成圆锥花序，萼片紫蓝色，距向后弯曲或近拳卷④。

xībólìyàyuǎnzhì

西伯利亚远志

Polygala sibirica L.

科属：远志科，远志属。
生境：灌丛、林缘或草地。
花期：4~7月。

多年生草本。下部叶卵形，上部叶披针形或椭圆状披针形，先端钝，基部楔形，上面中脉凹下；具短柄。总状花序腋生或近顶生，少花。小苞片 3 枚；萼片宿存，外萼片披针形，内萼片近镰刀形，花瓣状；花瓣蓝紫色，2/5 以下合生，侧瓣倒卵形，龙骨瓣具流苏状附属物；花丝 2/3 以下合生成鞘。蒴果近倒心形。①②③

相近种　远志 ***Polygala tenuifolia*** Willd. 花瓣紫色，基部合生，雄蕊 8 枚，花丝 3/4 以下合生成鞘，3/4 以上两侧各 3 枚合生④。

gàngliǔ

杠柳 北五加皮，羊角梢

Periploca sepium Bunge

科属：萝藦科，杠柳属。

生境：林缘、沟坡、河边沙质地。

花期：5~6月。

落叶蔓性灌木。主根圆柱形，灰褐色，内皮淡黄色。茎灰褐色；小枝常对生，具纵纹及皮孔。叶膜质，披针状长圆形，先端渐尖，基部楔形，侧脉20~25对；叶柄长约3毫米。聚伞花序腋生，常成对。花梗长约2厘米；花萼裂片三角状卵形；花冠紫色，辐状，花冠筒裂片椭圆形中间加厚呈纺锤状，反折；副花冠裂片无毛。①②③④

yībǎsǎnnánxīng

独角莲，虎掌南星

一把伞南星

Arisaema erubescens (Wall.) Schott

科属：天南星科，天南星属。

生境：林下、灌丛、草坡或荒地。

花期：5~7 月。

多年生草本。块茎扁圆形。叶 1 枚，极稀 2 枚，叶柄极长，中部以下具鞘；叶片放射状分裂，裂片无定数，常 1 枚上举，余放射状平展，披针形至椭圆形，无柄，长渐尖，具线形长尾或无。花序柄比叶柄短，直立，果时下弯或否。佛焰苞绿色，管部圆筒形；喉部边缘截形或稍外卷；檐部通常颜色较深。肉穗花序单性，雄花序花密；雌花序略短于雄花序。雄花具短柄，淡绿色、紫色至暗褐色，雄蕊 2~4 枚。雌花子房卵圆形。果序柄下弯或直立，浆果红色，圆形，淡褐色。①②③④

ruǎnzǎomíhóutáo

软枣猕猴桃

Actinidia arguta

(Siebold & Zucc.) Planch. ex Miq.

科属：猕猴桃科，猕猴桃属。

生境：山地林中。

花期：4 月。

落叶大藤本。叶互生；叶片稍厚，革质或厚纸质，卵圆形、椭圆形或椭圆状卵形，顶端锐尖或具长尾尖；叶柄长 3~8 厘米。聚伞花序腋生，花 3~6 朵；萼片 5 枚，长圆状卵形或椭圆形；花瓣 5 枚，白色，倒卵圆形；雄花具多数雄蕊，花药暗紫色；雌花常有雄蕊，花柱丝状，子房圆形。浆果圆形至长圆形，两端稍扁平。果肉多汁而芬芳。种子多数。①②③④

suānzǎo

角针，山枣树 **酸枣**

Ziziphus jujuba* var. *spinosa (Bunge) Hu ex H. F. Chow

科属：鼠李科，枣属。

生境：山坡、丘陵、岗地或平原。

花期：6~7月。

常为灌木，有时呈小乔木状。枝紫红色或灰褐色，呈“之”字形曲折，具2个托叶刺，长刺粗直，短刺下弯；短枝短粗，矩状，自老枝发出。叶纸质，卵形，较小；花黄绿色，两性，5基数，具短总花梗，单生或2~8朵密集成腋生聚伞花序；核果近圆形或短长圆形，成熟时红色，后变红紫色，中果皮薄，味酸，核两端钝。①②③④

yùzhú

玉竹 地管子，铃铛菜，尾参

Polygonatum odoratum (Mill.) Druce

科属：百合科，黄精属。

生境：林下或山野阴坡。

花期：5~6 月。

多年生草本。根状茎圆柱形。茎高达 50 厘米，具 7~12 枚叶。叶互生，椭圆形或卵状长圆形，先端尖，下面带灰白色，下面脉上平滑或乳头状粗糙。花序具 1~4 朵花，无苞片或有线状披针形苞片。花被黄绿色或白色，花被筒较直，裂片长约 3 毫米；花丝丝状。浆果成熟时蓝黑色，具 7~粒种子。①②③

相近种　**二苞黄精** ***Polygonatum involucratum*** (Franch. & Sav.) Maxim. 花梗长 1~毫米；花被绿白色或淡黄绿色，长 2.3~2.5 厘米，裂片长约 3 毫米④。

bĕimădōulíng

北马兜铃

天仙藤，铁扁担

Aristolochia contorta Bunge

科属：马兜铃科，马兜铃属。

生境：山坡灌丛、沟谷两旁及林缘。

花期：5~7 月。

草质藤本。叶卵状心形或三角状心形，先端短尖或钝，基部心形；具叶柄。总状花序具 2~8 朵花，稀单花；花序梗极短。小苞片卵形；花被筒基部圆形，向上骤缢缩成直管，管口漏斗状，檐部一侧扩大成卵状披针形舌片，先端渐窄成线形弯扭长尾尖，黄绿色，具紫色网纹及纵脉；花药卵圆形，合蕊柱 6 裂。蒴果宽倒卵形或椭圆状倒卵圆形。①②③

相近种　马兜铃 ***Aristolochia debilis*** Siebold & Zucc. 檐部舌片顶端渐尖或短尖④。

gǒuwěicǎo

狗尾草

Setaria viridis (L.) P. Beauv.

科属：禾本科，狗尾草属。
生境：山坡、路旁、长满杂草的荒地。
花期：5~10 月。

一年生草本。秆直立或基部膝曲。叶鞘松弛；叶舌极短；叶片扁平，长三角状狭披针形或线状披针形，边缘粗糙。圆锥花序紧密呈圆柱状或基部稍疏离，直立或稍弯垂，主轴通常绿色或褐黄到紫红色或紫色；小穗2~5 个簇生于主轴上或更多的小穗着生在短小枝上，椭圆形，先端钝，铅绿色。颖果灰白色。①②③

相近种　**金色狗尾草** ***Setaria pumila*** (Poir.) Roem. & Schult. 圆锥花序紧密呈圆柱状或狭圆锥状，直立，主刚毛金黄色或稍带褐色，粗糙④。

yuánbǎofēng

平基槭，元宝树 **元宝枫**

Acer truncatum Bunge

科属：槭树科，枫属。

生境：疏林中。

花期：5月。

落叶乔木。单叶，5 深裂，裂片三角状卵形，基部平截，稀微心形，全缘。伞房花序顶生；雄花与两性花同株。萼片 5 枚，黄绿色；花瓣 5 枚，黄色或白色，矩圆状倒卵形；雄蕊 8 枚，着生于花盘内缘。果翅矩圆形，常与果核近等长，两翅成钝角。①②

相近种　**葛罗枫** ***Acer davidii*** subsp. ***grosseri*** (Pax) P. C. de Jong 花单性，雌雄异株，总状花序下垂；萼片长圆卵形；花瓣倒卵形③。**五角枫** ***Acer pictum*** subsp. ***mono*** (Maxim.) H. Ohashi 花带黄色，萼片及花瓣 5 枚④。

dàmá

大麻 火麻，野麻

Cannabis sativa L.

科属：大麻科，大麻属。

生境：广泛栽培或逸生。

花期：5~6 月。

一年生草本。叶互生或下部对生，掌状全裂，上部叶具 1~3 裂片，下部叶具 5~11 裂片，裂片披针形或线状披针形，先端渐尖，基部窄楔形；具长柄，托叶线形。雄圆锥花序长达 25 厘米；雄花黄绿色，花梗纤细，下垂，花被片 5 枚，膜质；雄蕊 5 枚，在芽中直伸。雌花簇生叶腋；雌花绿色。花被膜质，紧包子房，花柱 2 个，丝状，每花具叶状苞片。瘦果侧扁，为宿存黄褐色苞片所包，果皮坚脆，具细网纹。①②③④

rǔjiāngdàjǐ

猫眼草，乳浆草 **乳浆大戟**

***Euphorbia esula* L.**

科属：大戟科，大戟属。

生境：草丛、山坡、沟边或草地等处。

花期：4~10月。

多年生草本。叶线形或卵形，先端尖或钝尖，基部楔形或平截；无叶柄；不育枝叶常为松针状，无柄。总苞叶3~5枚；伞幅3~5枝。花序单生于二歧分枝顶端；总苞钟状，边缘5裂。雄花多枚；雌花1朵，子房柄伸出总苞。蒴果三棱状圆形。①②

相近种 **斑地锦** ***Euphorbia maculata*** L. 总苞的腺体具花瓣状附属物，叶面绿色，中部常具有一个长圆形的紫色斑点③。**银边翠** ***Euphorbia marginata*** Pursh 叶对生或轮生，叶片基部对称，无托叶，主茎发达④。

bànxià

半夏 地慈姑，地星

Pinellia ternata (Thunb.) Ten. ex Breitenb.

科属：天南星科，半夏属。
生境：草坡、荒地或疏林下。
花期：5~7 月。

多年生草本。块茎圆球形。叶 2~5 枚，幼叶卵状心形或戟形，全缘，老株叶 3 全裂，裂片绿色，长圆状椭圆形或披针形，侧裂片稍短，全缘或具不明显浅波状圆齿；叶柄基部具鞘，鞘内、鞘部以上或叶片基部具珠芽。佛焰苞绿色或绿白色，管部窄圆柱形，檐部长圆形，绿色，有时边缘青紫色；雌肉穗花序长 2 厘米，雄花序长 5~7 毫米；附属器绿至青紫色，直立，有时弯曲。浆果卵圆形，黄绿色，花柱宿存。①②③④

中文名索引

拉丁名索引

图片摄影者

（图片摄影者及页码、图片编号）

李敏 1①②③,3①③,4③,5①②③④,6②,7②③,9①②,11①②,12④,13①②③,14②,15①②③,17①,19③,20①②,21①②④,22①②③④,23①②,24①,25①②③④,27①②③④,28①②③,29①②③,30①②④,31②④,32①②,33①②④,34②③,35①,36①②,39①③④,42①②③④,43③,44①②③④,45①②③④,47④,48①②③,49①②④,50①②③④,51③,52①,53①②③④,54③④,55①②④,56①,57①②,58①②④,60④,61①②④,62④,64①③,65①②④,66①②,68①②③,69①,70①②,71①②,72②③④,74①②③,75①②③,76①②③④,77②③,79②,80①④,81③,82①③④,84①②,85①③,86②,88②,90①②,93①②③④,94①②,95①②,97③,99①,100④,101①②,103①②,107①②,108①②③,110①③,111①,112①②③,113②③④,114①②,115①,116①②③④,117①,119①,120①,121①②,122①②,123①,124②,125①②④,126②,127①②,128①②④,129①④,130③,131①,134①②④,135③,136④,137①②③④,138①,139①②③④,140①②③,141①②,142②,143④,145②④,147①②③,148①,149②,150①②③④,151②④,152①④,153①②④,154④,155②,156①②③④,157①②③④,159①②,162①②③④,163①②,164①③,166④,168①②④,171①②③,172①②③④,174①④,175①②③④,176①②③,177①,178①②③,179①②③④,180①②,181④,183①②,184①③,185①,186①④,188①②③④,191①②③,192①②③④,194①,195①④,196①②④,197①②,198①③,199①,200①②,201①,202①②④,203②③,204①,207①②,209①,211①,215①,217①②③④,218①③,219①②,220①④,221①,223①③,224①③④,226①②,227①,228④,229①③④,230① 刘冰 3②,8①②④,9③④,11③④,12①②③,13④,15④,17④,18①,19④,21③,23④,24④,26①②③④,29④,30③,31①,33③,35②④,36③④,41④,43①②,49③,51①②,52③,55③,56②,57④,58③,59③,63①②③④,64②④,67①③,68④,69②,70④,73①,75④,78①,79①④,83③,84④,87①,89④,90④,91①②③,92②,94③④,95③,97①②④,98③④,100①,103③④,104③,105①③④,106①③,109④,110④,111②③,114③,118①④,119③④,120③④,121④,123②③,124①④,127④,130④,131④,132①②③,136①③,142①,144③④,145③,146③④,151③,153③,154①,155①③,158④,159③④,160①,161③④,163③④,165④,166①②,167①②,170①④,171④,173③,176④,178④,180③,181③,182①③④,185②,186③,187③,189①②③④,190④,193③④,194④,196③,199③,200③,203①④,205③,206①,207③④,208①③,210①②,212②④,213①②③,214②,216①②④,218④,219③④,222④,223②④,224②,226④,228② 周繇 2③,3④,4①②④,10②③④,14④,16①②③④,17②③,18②③④,28④,31③,32③,34④,37①②③④,38①②③④,41①②,46①②③,52②④,57③,59①②,60①②③,61③,62①③,66③④,69③④,72①,73②③④,77①,78②③④,80②③,83④,86①,87③,88①③④,89①②③,95④,99②③,101③,102①②③④,104①,106④,111④,115②③,118②③,120②,121③,122④,126①④,127③,128③,129②③,133①④,134③,135④,138②④,141④,142③④,143①②,146①②,147④,148②③,149③④,152②,158②③,164②,165①②,167③④,168③,169①③④,170②,174②③,177②③④,181①②,183④,184②,185③,187①②,190①②③,191④,193①②,194③,195②③,201②④,202③,204②,206③,210③,212①,220③,222①,225②,226③,228①③,230③④ 陈又生 2①,7①,19①,47①②③,62②,71③,81①,82②,83①,87④,92③,99④,104④,107③④,117③,119②,123④,130①②,132④,143③,148④,151①,158①,161①,164④,165③,166③,169②,173①,180④,182②,197④,199②,201③,206②,208④,213④,218②,227③④ 刘军 6③④,14①,19②,20④,24②③,34①,46④,54②,65③,74④,79③,90③,100③,104②,109①,115④,122③,126③,133②,135①,138③,160③,209②③,220②,221③④,227②,230② 宋鼎 2④,40①,51④,56③,67②,86④,96②③④,125③,140④,160②,161②,184④,204③,212③,221② 刘夙 32④,35③,41③,48

致　谢

本手册能在短期内顺利出版，首先得益于本套丛书的各位合作者马欣堂、周繇、刘军、李晓东、金宁、宋鼎、朱强的通力合作，以及前期大量的野外工作和丰富的植物图片积累。感谢对本书编撰出版付出辛劳的中国科学院植物研究所数字植物项目组的同仁，宣晶对全书数据进行了规范化整理，赵明月负责在线编辑程序开发和数据输出，薛艳莉和郝丽华对全部图片进行前期处理和编辑。同时也要感谢河南科学技术出版社领导给予的特别支持，感谢杨秀芳编辑和她的同事们。

本书所有图片由中国植物图像库（www.plantphoto.cn）代理授权，感谢每一位摄影者的奉献。感谢中国在线植物志（www.eflora.cn）提供《中国植物志》《Flora of China》的植物分类及形态信息，感谢中国科学院植物研究所系统与进化植物学国家重点实验室及科技部基础条件平台标本资源项目对相关网站建设的支撑资助。

感谢我们所有家人的理解和支持，感谢所有朋友的关心和帮助，你们的支持和关爱是我们最大的精神支柱。

最后，特别感谢您——亲爱的读者，您对本书的阅读、使用和推介，是我们不断前行的动力。

李 敏 谨识

二〇一四年九月于北京香山